微分積分入門

—現象解析の基礎—

曽我日出夫 著

学術図書出版社

まえがき

微分積分は，17 世紀後半，ニュートンやライプニッツらによって提唱され，それ以来多くの人々によって創られてきた．現在では，その基礎についておおむね定まったものができている．そして，それに基づいて，大学の理系学生が初年時に学ぶべき標準的な内容が一応定まっている．さらに，その内容をまとめた本もたくさん出版されている．

しかし，その多くは，基礎事項が無駄なく簡潔に説明されており，その背景にどのような思いがあるのか伝わりにくいように思われる．基礎事項を要領よく習得して早く次の段階に進むという発想に立てばこれでいいのかもしれないが,「簡潔な説明」になじめない学生は少なくないのではないだろうか．初めて何かを学ぶとき,「なぜそんなことを考えるのだろう？」「何のためにそんなことをやるのだろう？」といった疑問はよく起こるものである．しかも，そういう疑問に答えが得られないと，学ぶ意欲もわかないという人も多いように思える．この本は，そのような人にとって読みやすくなることを意図して書かれている．

解析学とも呼ばれる微分積分学は，現象をいかに解析するかという思いとともに創られてきたといえるだろう．その思いの基本にあるものは，現象の傾向をみるだけでなく，どれぐらいそうなのか数量的なものをみようとすることである．この思いの実現に強力な手段を与えるものが微分積分の諸理論である．したがって，微分積分の理解において,「何のために？」に答えるということは，微分積分が具体的な現象の解析にどのように活用できるのかを知ることを意味する．それは，微分積分の創始者たちの思いを追体験することだともいえる．

この本の内容は，項目的には 1 変数の微分積分（独立変数が 1 個である関数の微分積分）に関する標準的な基礎ではあるが，具体的な現象に関わる説明が多いものになっている．さらに，導入部分ではなるべく意図やイメージの解説に重点をおいて，次第に数学的に厳密な記述になるように配慮している．厳密な論証はある程度意図やイメージがわかってきてから意味を持つものだからである．

上述のように微分積分は現象解析の手段を意識して発展してきたのではあるが，出来上がった理論はひとつのまとまりをもった文化的な創造物でもある．したがって，それを理解することは何か文化遺産を味わうような側面がある．このような側面も感じられるように配慮したつもりである．

この本は一応自習を想定しているので物語風の記述にしてある．さらに，定理の証明についても簡潔さよりもアイデアのわかりやすさを優先させた記述になっている．そのため，要点を辞書に対するようにみたいという人には合わないであろう．そういう場合には他の本を読まれることを勧めたい．

しかしながら，この本は教科書としても使えるように考慮している．各章はおおむね 1 回の授業（90 分）に相当するように分量を調節してある．そして，15 章分集めると（適当に取捨選択する)，ちょうど半期分（半年分）の授業になるようにしている．一般によく使われる用語については太字にして注意をうながすようにした．さらに，各章末には，その章の理解を深めることを意図した演習問題も用意している．

この本にある結果自体は，標準的なものでほとんどすでに知られているものばかりである．そのため，いくつか他の書籍を参考にさせていただいたけれども，特には明示していないことをお断りしておきたい．

2015年9月

著　者

目　　次

第 0 章

比例関係について

この章では，微分を考える前提として，初歩的なことではあるが，比例関係の話をしておきたい．それは，微分のイメージの原型になっていると考えるからである．さらに，(この本では)「現象」ということばで何を表しているのか，またそれに関して何をしようとしているのかについても話したい．

0.1 比例関係と現象解析

この本では「現象」ということばを非常に広い意味で使っている．自然の何かできごとから人間社会のできごとまでいろいろなものを含んでいる．その現象は，多くの場合，でたらめに起こっているわけではなく，そこには何かルールめいたものが存在している．それは，単なる傾向という程度のものから，何か数量的なものの時間経過が決まっているものまでいろいろである．「現象解析」とは，その「ルールめいたもの」を抽出したり，それをもとに現象の予測や推測を行うことを意味している．この抽出したものを法則と呼んでいる．また，予測や推測に際しては，単に傾向を見ようとするだけのときもあるが，量的なものまで究明しようとするのである．

このような現象解析は，結局，何かの量が別の何かとどういう関係にあるかを究明するということになる．たとえば，物体の位置が経過時間とどういう関係にあるかを究明するというように．以下において，こういう「関係」の中で最も単純で重要な「比例関係」について基本的なことを話しておきたい．

「ある量（これを x で表す）に対して，何かある量（これを y で表す）が定まっている」という状況はしばしばみられる．いくつか例をあげてみよう．

1) 一定の速さで電車が走っているとき，ある地点からの時間 x と移動距離 y

2) 鉄の棒は温度が上がるとその長さが変わる．その温度 x と長さ y

3) 輪ゴムにおもりをぶら下げ静止させたとき，そのおもりの重さ x と輪ゴムのノビ y

4) バネがのびているとき，そのノビ x と加わっている力の大きさ y

5) 傾斜平面の上を直線的に登るとき，その水平移動距離 x と高さの変化量 y

6) タクシーの走行距離 x とその料金 y

これらはいずれも，x の値が大きくなればそれに応じて y の値も大きくなるという点で共通している．しかし，その大きくなるなり方はいろいろである．この「なり方（x と y の関係）」で基本となるのが，比例関係である．「y が x に**比例**している」とは，（0 でない）ある定数 a（これを**比例定数**と呼ぶ）があって，

$$y = ax \tag{0.1}$$

が成り立っているときをいう．上の例 1)〜6) のうち比例関係（y が x に比例）であるのは，1) 4) 5) である．2) は y を棒の長さではなく，ノビにとれば比例関係になる[1]．

y が x に比例しているとき，y の量そのものではなく，y が x に対してどれぐらいの割合で変化するかに注目することが少なくない．すなわち，x に対する y の変化の率に注目して何かの法則性をみつけようとすることがある．

たとえば，第7章に出てくる話だが，摩擦など抵抗のない物に力を加えたとき，その力の大きさと物体の速さとは無関係ではない．このとき，「力が大きいほど速さも大きい」という言い方は正しくない．力は速さの変化の割合（変化率）と関係している（実は比例する）のである．このことは，自転車に乗ってこぎ出すとき，力を入れているけれども速さそのものは小さいこと，さらに力の大きさに応じて速さの変化率が大きいことなどの体験から実感できるであろう．このように，何か法則を見つけようとすると，ある量の大きさそのものではなく，変化率に注目しなくてはならないことが多いのである．

(0.1) がなりたっている場合，この変化率とは a のことである．変化率が大きいとは a が大きいということを意味する（$a > 0$ とする）．さらに，x と y から変化率を引き出そうと思えば，y を x で割ればいい（$\dfrac{y}{x}$ をみればいい）．ここで，数学においては，**変化率**は「(x の) 1 あたりの（y の）変化量」で表されることに留意しよう．日常生活においては，何か割合や勾配あるいは率を表すとき，必ずしも「1 あたりの量」で表すわけではない．「1 万人あたりの患者数」などの言い方をするのである．「変化率は割り算で（y を x で割ることで）得られる[2]」ということを認識しておくことは非常に重要である．

上で述べた力と「速さの変化」の関係のように，現象の法則は変化率に注目して数式で記述されることが多い．そして，その記述には「割り算の量」が登場するのである．また，y が x に対していろいろに変化するとき，その変化を局所的には比例関係であるとみなして（近似して），その変化率を法則記述に使うということが行われる．次章で詳しく述べる微分とは，y が x に対していろいろに変化する（比例関係でない）ときでも有効な変化率の表し方だといえる．そこでは，必然的に割り算が出てくるのである．

比例関係は次のようにいくつかの言い換えができる．

(a) x が $2, 3, m$ 倍となると，y も $2, 3, m$ 倍となる（$a > 0$ とする）．

(b) $y \div x$ は常に一定である（$a \neq 0$ とする）．

---

[1] 厳密にいうと，これらは，近似的な話であったり，x を限られた範囲で考えている話であったりする．

[2] 「かけ算 (ax)」はもともと「1 あたりの量のもの $(= a)$」がある量 $(= x)$ あるという意味であることと，「割り算」は「かけ算」の逆演算であることに注意せよ．

(c) グラフが原点を通る直線になる（次節の図参照）.

0.2　比例関係とグラフ

x の値が定まるごとに何か値が決まっているとし，それを $f(x)$ で表すことにする．このようなものを総称して x の**関数**とよぶ．座標平面（xy-平面）を考え，横軸（x-軸）に x の値を，縦軸（y-軸）に $f(x)$ の値をとり（つまり，座標が $(x, f(x))$ となる点をとり），x の値をいろいろに変えると，この点は何か曲線を描くことになる．「$f(x)$ の**グラフ**」とはこの曲線のことである．また，曲線 $y = f(x)$ とも書く[3]（ x-座標が x のとき，y-座標が $f(x)$ になっているという意味である）．関数のグラフを考えるということは，厳密な話には向かないが，ものごとの傾向をみるときや解析のアイデアをさぐるときには非常に有用である．

前節であげた例 1)~6) のグラフを図示すると，下のようなものになる．

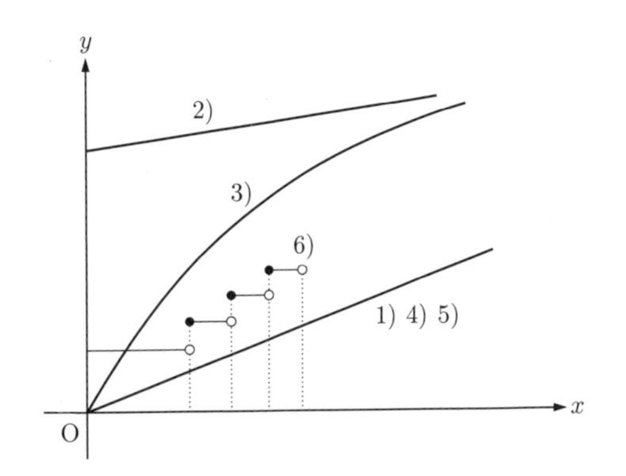

比例関係の（$f(x) = ax$ の）グラフは，原点を通る直線になる．この図形において，「直線の**傾き**」とは（この直線上を点が動いたとき）x-座標の変化量が 1 のときの y-座標の変化量である．すなわち，傾きは y-座標の変化量を x-座標の変化量で割ったものである．さらに，これは (0.1) における a（比例定数）に等しい．この認識は，次章の微分と接線の関係を理解するときの基礎になる．

傾きが m であって点 (a, b) を通る直線の方程式（すなわち，点 (x, y) がこの直線上にあるための式）は

$$y = m(x - a) + b \tag{0.2}$$

であることに留意しておこう．

章末問題

問題 0.1　比例関係の具体的な現象を 3 つあげよ．

問題 0.2　ある量が大きくなればそれに応じて（別の）ある量が大きくなるもので，比例関係でない具体例を 2 つあげよ．

問題 0.3　関数 $f(x) = 2x$ のグラフをえがけ．

問題 0.4　関数 $f(x)$ のグラフが 2 点 $(-1, 3)$, $(1, 1)$ を通る直線になるとする．この $f(x)$ を求めよ．

---

[3] しばしば，「$y = f(x)$」において y を関数を表す記号とみて，それが $f(x)$ であるという意味にとるが，グラフを考えるときは，y は y-座標であり，それが $f(x)$ に等しいという意味にとる方がいい．

第 1 章

微分の定義と意味

微分は，17 世紀中頃ニュートンやライプニッツなどにより提唱され出した[1]．それ以後，微分は（そして積分も）物理学をはじめさまざまな分野でさかんに使われるようになった．それは，要するに微分や積分が現象解析の手段として使われるようになったからである．17 世紀頃からものごとを単に「こんな風だ」と定性的にいうのではなく，「どれぐらいそうなのか」と定量的に言おうとするようになってきたのである．そして，現代ではますますこの傾向は強くなってきている．このような背景があって，数学以外の分野でも，微分や積分に関する理解は必須となってきたのである．

1.1　熱現象の法則表示

この節では，簡単な熱現象を例にして，現象の法則を記述しようとすると微分が必然的に登場することを説明したい．今 100°C に熱した金属球を空気中に放置したとしよう．その後（t 秒後），球の温度（$= u(t)$ °C）はどのように下がっていくだろうか．室温を 20°C とすれば，それはおおよそ右図のグラフのようになるであろう．この現象について数量的なことまで追求できるように分析するにはどうすればいいだろうか．そして，たとえば，1 秒後，2 秒後の観測値がわかれば 10 秒後の温度が予測できるようにならないだろうか，ということを考えてみたい．

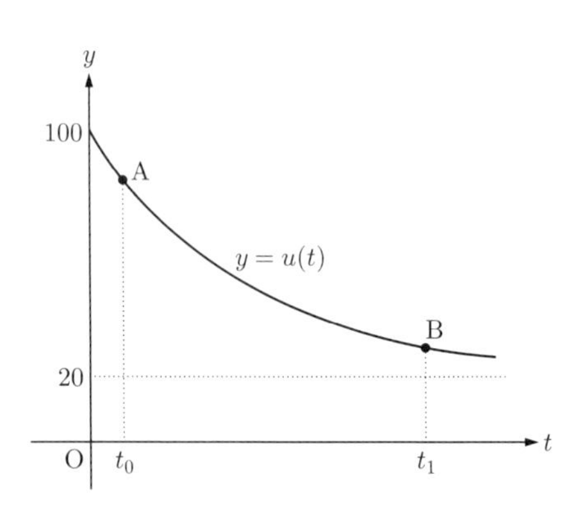

上図の時刻 t_0 秒と t_1 秒の時を比較すると，温度の変化にどんな違いがあるだろうか．すなわち，A と B とではどういう違いがあるのだろうか．さらにその違いは何によるのだろうか．A では温度は急激に下がり，B ではなだらかに下がっている．つまり，t_0 の周辺では温度勾配（$u(t)$ の減少率）が大きく，t_1 の周辺では小さい．そして，この違いは室温との温度差によっ

[1] 同じ頃，日本の関孝和も微分積分を導入していた．しかし，現象解析と結びついた発展はしなかった．

て決まると思える．そこで，

(1.1) 温度勾配は温度差に比例している

とする（仮定する）．これがこの現象の支配法則だと思って，このことを数式で表現してみよう．

まず，$u(t)$ の変化率を数量化しなくてはならない．t_0 からごくわずか（h 秒）時間がたったとすると，温度の変化量は $u(t_0+h)-u(t_0)$ である．この変化の率はいくらになるか（率については第 0 章第 1 節参照），すなわち，t の変化 1 あたりの $u(t)$ の変化量はいくらになるかというと次のようになる．

t の変化量	$\Rightarrow$	h	1
$u(t)$ の変化量	$\Rightarrow$	$u(t_0+h)-u(t_0)$	$\dfrac{u(t_0+h)-u(t_0)}{h}$ （=「1 あたりの変化量」）

したがって，法則 (1.1) は次の式で表現される．

$$\frac{u(t_0+h)-u(t_0)}{h}=-k\{u(t_0)-20\} \qquad (k \text{ は正の定数}^2).$$

しかし，ここで h はどれぐらい小さくとればいいのかはっきりしない．さらに，急激に温度が変化していればいるほどいくらでも小さくとらなくてはならない感じがする．これを一挙に解決するために，$\dfrac{u(t_0+h)-u(t_0)}{h}$ を使うのではなく，$h\to 0$ としたときの極限値を使うのである．そして，それに微分という名前を付け，$\dfrac{du}{dt}(t_0)$（あるいは $u'(t_0)$ など）という記号で表そうというわけである．

ということで，極限値

$$\frac{du}{dt}(t)=\lim_{h\to 0}\frac{u(t+h)-u(t)}{h}$$

を法則記述に使うことにすれば，h がどれぐらい小さければいいかなどと悩む必要はないのである．$\dfrac{du}{dt}(t)$ を t における瞬間の変化率ともいう．

この微分を使うと，上で考えていた法則「温度勾配（温度の変化率）と温度差が比例する」および「初期温度が 100°C」というのは

$$\text{(1.2)} \qquad \begin{cases} \dfrac{du}{dt}(t)=-k\{u(t)-20\} & (k \text{ は正の定数}), \\ u(0)=100 \end{cases}$$

というふうに，数式で表現されることになる．

どの t においても式 (1.2) が成り立つような関数 $u(t)$ は何か特定なものになるだろう．そして，$u(t)$ がどんなものかがわかれば，時間とともに温度がどう変化していくか具体的にわかるだろうと期待される．しかし，(1.2) の式から $u(t)$ がどんなものになるかすぐわかるわけではなく，いろいろ数学的な処理をしないとわからない．

一般にいろいろなものから特定のものを指定しているような式のことを方程式と呼ぶ．上式のように，指定したいものが関数（**未知関数**と呼ぶ）であって，しかも式の中に微分が入って

---

[2] 温度勾配（>0）は負の増加率であることに注意せよ．

いるものは，**微分方程式**と総称される．微分方程式をみたしている関数をみつけることを「微分方程式を解く」といい，その関数を**解**とよぶ．この「解く」ことに関連して古くからさまざまな工夫がなされてきた．それらの集積されたものが**解析学**（微分積分学）である．(1.2) から $u(t)$ について具体的に何かを引き出すということについては第 6 章で考えてみる（例 6.1 参照）．結論をいうと，(1.2) の解は指数関数を使って具体的に書けるのである．

1.2 微分の定義と多項式の微分

関数 $f(x)$ が与えられているとする．前節において，$x=a$ における $f(x)$ の変化率を表すものとして次の極限値を使うことを説明した．

$$f'(a)=\lim_{h\to 0}\frac{f(a+h)-f(a)}{h}. \tag{1.3}$$

この極限値を「$x=a$ における $f(x)$ の**微分係数**」とよぶ．各 x に対して微分係数 $f'(x)$ を対応させると，1 つの関数が得られる．この関数のことを「$f(x)$ の**導関数**（あるいは微分）」とよび，

$$f'(x),\quad \frac{df}{dx}(x)$$

などで表す．導関数を求めることを「**微分する**」という．$f(x)$ を n 回微分して得られる関数を $\boldsymbol{n}$ **階導関数**とよび，

$$f^{(n)}(x),\quad \frac{d^nf}{dx^n}(x)\qquad (n=2,3 \text{ のときは } f''(x), f'''(x) \text{ も使う})$$

などで表す．

よく知られているように，関数 x^n（n は正の整数）の導関数は

$$(x^n)'=\ nx^{n-1} \tag{1.4}$$

である．これを定義にしたがって確かめてみると

$$\begin{aligned}(x^n)'&=\lim_{h\to 0}\frac{(x+h)^n-x^n}{h}\\&=\lim_{h\to 0}(nx^{n-1}+{}_nC_2x^{n-2}h+\cdots+h^{n-1})=nx^{n-1}\end{aligned}$$

となる．ここで ${}_nC_j=\dfrac{n(n-1)\cdots(n-j+1)}{j!}$ [3]である．

さらに，一般の多項式の導関数は次のようになる．

$$(a_nx^n+a_{n-1}x^{n-1}+\cdots+a_1x+a_0)'=a_nnx^{n-1}+a_{n-1}(n-1)x^{n-2}+\cdots+a_1. \tag{1.5}$$

どんな関数もこのように導関数が具体的に求まるわけではない．もっと根本的なこととして，関数によっては，(1.3) の極限値が存在しない場合もある．たとえば，$f(x)=|x|$ は，$x=0$ においては極限値 (1.3) は存在しない．これを厳密にいうと次のようになる．$h>0$ としながら $h\to 0$ とすると $\dfrac{f(0+h)-f(0)}{h}=\dfrac{h-0}{h}\to 1$ であるのに対して，$h<0$ としながら $h\to 0$ とすると $\dfrac{f(0+h)-f(0)}{h}=\dfrac{-h-0}{h}\to -1$ である．$h\to 0$ のときの極限値が存在するとは，

---

[3] これは n 個のものから j 個選ぶ組み合わせの数である．

h の 0 への近づき方によらず一定の値に近づくということであるから，この場合は極限値は存在しないということになる．

(1.3) の極限値が存在するとき，「$f(x)$ は $x = a$ において微分可能である」という．単に「$f(x)$ は**微分可能**である」といえば，$f(x)$ が定義されているすべての x において極限値 $f'(x)$ が存在するという意味である．

何か厳密に証明するときは，微分可能か否かを意識しながら話を進めなければならない．しかし，当面あまり厳密なことは意識しないことにし，$f(x)$ はどの x においても微分可能であるとして話を進める．

章末問題

問題 1.1　十分高いところから初速$= 0$ で物体を落下させたとし，時間 t 後の速さを $v(t)$ とする．空気抵抗は，速さに比例する大きさで重力とは逆向きに働く（とする）．また，一般に落下の速さの増加率は，その物体に働く力の合力（重力と空気抵抗の和）の大きさに比例することがわかっている．$v(t)$ のみたす微分方程式を求めよ．（重力の大きさは G で表し，比例定数は適当な文字を使え.）

問題 1.2　$f(x), g(x)$ がともに微分可能であれば，$f(x) + g(x)$ も微分可能となり，

$$(f(x) + g(x))' = f'(x) + g'(x)$$

となることを示せ．さらに，$(cf(x))' = cf'(x)$ を示せ．

問題 1.3　$\left(\dfrac{1}{x}\right)' = -\dfrac{1}{x^2}$ となることを，微分の定義にしたがって証明せよ．

問題 1.4　関数 $f(x)$ を次のように定義する．

$$f(x) = \begin{cases} x^2 & (x > 0), \\ 0 & (x \leq 0). \end{cases}$$

$f(x)$ は常に（すべての x において）微分可能であるが，$f'(x)$ は $x = 0$ において微分可能でないことを示せ．

第 2 章

微分の基本事項

微分の理解でまずやっておくべきことは，関数 $f(x)$ の微分 $f'(x)$ の図形的な意味をはっきり認識しておくことである．この章では，この図形的な意味やその他微分の基本的な性質について説明したい．今後（本章以後も）特にことわらない限り，関数は何回でも微分できるものとする．

2.1 関数のグラフと微分

関数 $f(x)$ が与えられているとする．前章で定義したように，$x=a$ における $f(x)$ の微分（正確には「$x=a$ における $f(x)$ の微分係数」）とは次の極限値のことであった．

$$f'(a)=\lim_{h\to 0}\frac{f(a+h)-f(a)}{h}.$$

この極限値は，$f(x)$ のグラフに対して次のような意味をもっている．

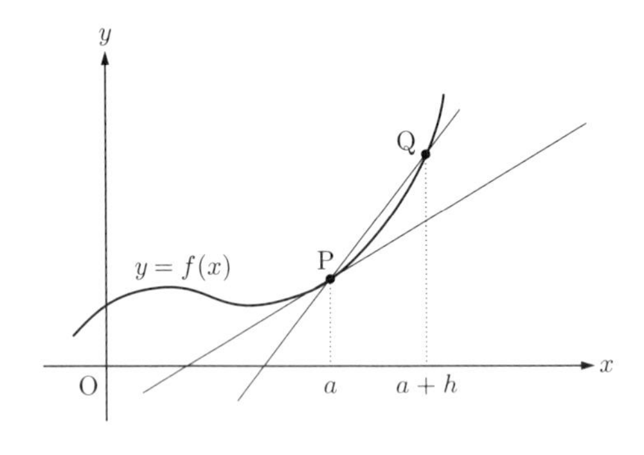

$$f'(a)=\text{「}x=a\text{ における接線の傾き」}. \tag{2.1}$$

このことは，わかっている人にとってはあたり前かもしれないが非常に大切なことである．(2.1) を確かめておこう．

まず，$f(x)$ のグラフ（つまり，曲線 $y=f(x)$）の $x=a$ における接線とは，次のように定義される．

> グラフ上の点 P（座標を $(a,f(a))$ とする）とは異なる点 Q をこの曲線上にとり，Q の座標を $(a+h,f(a+h))$ とする．Q を P に限りなく近づけたとき（つまり $h\to 0$ のとき），直線 PQ が近づいていく極限の直線を（こういう直線があるとして）「$x=a$ における[1]**接線**」という（上図参照）．

したがって，接線の傾きは，直線 PQ の傾きの極限値になっているはずである．一方，直線 PQ の傾き[2]は $\dfrac{f(a+h)-f(a)}{h}$ であるので，その極限値は $f'(a)$ である．よって (2.1) が得られる．

---

[1] 「P における」という言い方もする．このとき P を**接点**と呼ぶ．

[2] 直線の傾きについては第 0 章第 2 節を参照．

今 $f'(x)$ が区間 (a,b) で常に正だとする．これは，$f(x)$ のグラフの接線が常に右上がりであることを意味する．ということは，$f(x)$ は (a,b) で増加しているということになる．$f'(x)$ が負であれば減少ということになる．つまり，次のことがなりたつ．

関数の増減と導関数

$$(2.2) \qquad \begin{array}{l} (a,b) \text{ で常に } f'(x) > 0 \text{ ならば，} f(x) \text{ は } (a,b) \text{ で増加} \\ (a,b) \text{ で常に } f'(x) < 0 \text{ ならば，} f(x) \text{ は } (a,b) \text{ で減少} \end{array}$$

このことは，関数の増減を調べるときなどによく使われるが，実は証明しようとすると意外にむずかしい．この証明については，第 11 章（(11.2) 参照）でとりあげたい．

(2.2) より，$f'(x)$ の符号がわかれば $f(x)$ の増減の様子がわかることになる．このことを利用して，下の例に示すように関数の増減を具体的に調べることができる．$x=a$ を境にして関数 $f(x)$ が増加から減少に変わるとき（たとえば $f'(x)$ の符号が正から負に変わるとき），$x=a$ で $f(x)$ は**極大**になっているといい，$f(a)$ を**極大値**と呼ぶ．同様に，$f(x)$ が減少から増加に変わるときは，$x=a$ で $f(x)$ は**極小**になっているといい，$f(a)$ を**極小値**と呼ぶ．極大値と極小値とあわせて**極値**と呼ぶ．

例 2.1

$f(x) = 2x^3 - 3x^2 - 12x + 10$ とする．$f'(x) = 6x^2 - 6x - 12 = 6(x+1)(x-2)$ であり，$(-\infty, -1)$ および $(2, \infty)$ で $f'(x) > 0$，$(-1, 2)$ で $f'(x) < 0$ となる．したがって，$f(x)$ の増減は右の増減表のようになり，グラフの概形は右図のようになる．

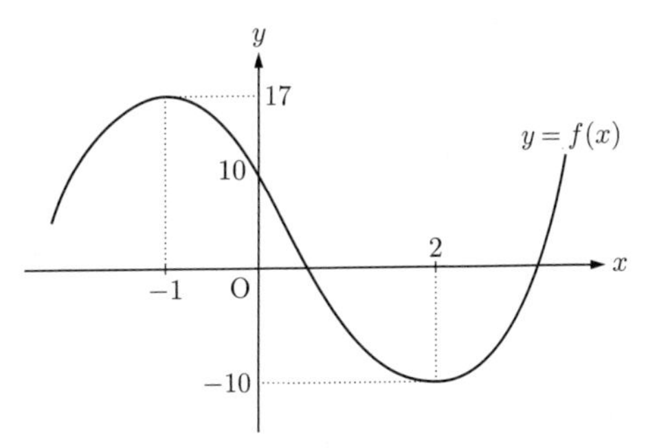

x		-1		2	
$f'(x)$	$+$	0	$-$	0	$+$
$f(x)$	↗	極大	↘	極小	↗

2.2 微分の基本公式

次の公式 (I),(II) は，関数の「和をとる」あるいは「定数倍する」という操作と「微分する」という操作を入れ替えても同じだということを意味している．これは「**微分の線型性**」と呼ばれている．

微分の線型性

(I) $\quad \bigl(f(x) + g(x)\bigr)' = f'(x) + g'(x)$.

(II) $\quad \bigl(cf(x)\bigr)' = cf'(x) \qquad$（$c$ は任意の実数）．

上記の線型性は，第1章の多項式の微分で使った（(1.5) を参照）ように，関数の微分を計算するときによく使われる．それだけでなく，実は第14章などで使うように[3]，微分にこの性質があることは微分方程式を解くとき重要な意味をもってくるのである．(I)(II) の証明については読者に任せたい（第1章の章末問題 1.2 を参照）．

関数の積をとる操作と微分の操作とは入れ換えられない．積の微分は次のようになる．

積の微分

$$\big(f(x)g(x)\big)' = f'(x)g(x) + f(x)g'(x)$$

証明　$f(x+h)g(x+h) - f(x)g(x) = \big(f(x+h) - f(x)\big)g(x+h) + f(x)\big(g(x+h) - g(x)\big)$ となるから

$$\begin{aligned}&\lim_{h\to 0}\frac{f(x+h)g(x+h) - f(x)g(x)}{h}\\&\quad= \lim_{h\to 0}\left\{\frac{f(x+h) - f(x)}{h}g(x+h) + f(x)\frac{g(x+h) - g(x)}{h}\right\}\end{aligned}$$

となる．この式と

$$\lim_{h\to 0} g(x+h) = g(x) \tag{2.3}$$

であることに注意すると $\big(f(x)g(x)\big)' = f'(x)g(x) + f(x)g'(x)$ が得られる．

（証明終わり）

上の証明で使った (2.3) は，一般には必ずしもなりたつわけではない．たとえば，グラフが右図のような関数は $x = a$ において (2.3) が成立していない．常に (2.3) がなりたっているような関数を連続関数と呼んでいる．

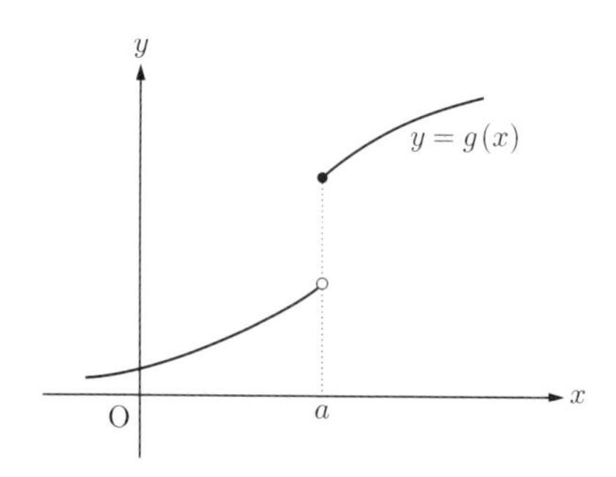

連続関数

関数 $f(x)$ がすべての x において次の式をみたしているとき，$f(x)$ は**連続**である[4]という．

$$\lim_{h\to 0} f(x+h) = f(x). \tag{2.4}$$

実は，微分可能であれば連続性は保証されるのである．なぜなら，

$$\lim_{h\to 0} f(x+h) = \lim_{h\to 0}\left\{\frac{f(x+h) - f(x)}{h}\,h + f(x)\right\} = f'(x)\cdot 0 + f(x) = f(x)$$

となるからである．したがって，上記の証明において，$g(x)$ は微分可能としていたので (2.3) が得られたのである．

---

[3] $u_1(t), u_2(t)$ が微分方程式の解ならば $c_1u_1(t) + c_2u_2(t)$ も解になることに使う．
[4] (2.4) を $x = a$ で考えるときは「$f(x)$ は $x = a$ で連続」という言い方をする．

2つの関数 $f(y)$ と $g(x)$ があって，$f(y)$ に $y=g(x)$ を代入した形の関数 $f(g(x))$ を**合成関数**という．合成関数の微分 $\{f(g(x))\}'$ $\left(=\lim_{h\to 0}\dfrac{f(g(x+h))-f(g(x))}{h}\right)$ は，それぞれの微分 $f'(y), g'(x)$ を使って次のように表せる．

合成関数の微分

$$\{f(g(x))\}'=f'(g(x))g'(x) \tag{2.5}$$

ここで「$f'(g(x))$」は「$f(y)$ を y で微分した後に $y=g(x)$ を代入する」という意味である．この公式は，$f'(y)$ を $\dfrac{df}{dy}$，$g'(x)$ を $\dfrac{dy}{dx}$ と書けば，ちょうど $\dfrac{df}{dx}=\dfrac{df}{dy}\dfrac{dy}{dx}$ を表している．しかし，文字どおり約分するというわけではない．

厳密ではないが，次の式の変形からこの公式は正しいことが推測できる．$k=g(x+h)-g(x)$ とおくと，$h\to 0$ のとき $k\to 0$ となるから

$$\begin{aligned}&\lim_{h\to 0}\frac{f(g(x+h))-f(g(x))}{h}\\&=\lim_{h\to 0}\frac{f(g(x)+k)-f(g(x))}{k}\frac{g(x+h)-g(x)}{h}=f'(g(x))g'(x)\end{aligned}$$

となる．もちろん，これは数学的な証明になっていない．なぜなら，「$h\to 0$」[5]のとき，$h\neq 0$ であるが，$k\neq 0$ とは限らないからである．したがって，証明にはもう少し工夫をしなくてはならない（詳しくは第11章(11.6)を参照）．

合成関数の微分の公式(2.5)は，微分の計算によく使われる．いくつか例をあげておこう．

例 2.1

$$\left((x^2+1)^n\right)'=2n(x^2+1)^{n-1}x$$

これは，$f(y)=y^n$ と $y=x^2+1$ を合成した関数の微分である．$(x^2+1)^n$ を展開して計算する必要はないのである．

例 2.2

$$\left(g(x)^2\right)'=2g(x)g'(x)$$

これは，$f(y)=y^2$ と $y=g(x)$ を合成した関数の微分である．

分数関数の微分

$$\left(\frac{g(x)}{f(x)}\right)'=\frac{g'(x)f(x)-g(x)f'(x)}{f(x)^2}$$

証明　積の微分の公式を使うと，$\left\{\dfrac{g(x)}{f(x)}\right\}'=\left\{g(x)\dfrac{1}{f(x)}\right\}'=g'(x)\dfrac{1}{f(x)}+g(x)\left\{\dfrac{1}{f(x)}\right\}'$ となる．$\dfrac{1}{f(x)}$ は $\dfrac{1}{y}$ と $y=f(x)$ の合成関数であるから，上記の合成関数の微分より $\left\{\dfrac{1}{f(x)}\right\}'=$

[5] $h\neq 0$ を守りながら h を0に近づけることになっている．

$-\dfrac{1}{f(x)^2}f'(x)$ である[6]．ゆえに，

$$\left\{\frac{g(x)}{f(x)}\right\}' = g'(x)\frac{1}{f(x)} - g(x)\frac{1}{f(x)^2}f'(x) = \frac{g'(x)f(x)-g(x)f'(x)}{f(x)^2}$$

となる．

（証明終わり）

章末問題

問題 2.1　次の関数の増減を調べ，そのグラフの概形を描け．

(1) $f(x) = x^3 - 3x + 4$　　(2) $f(x) = \dfrac{1}{x^2+1}$

問題 2.2　関数 $f(x) = \dfrac{1}{x^2+1}$ のグラフの接線をいろいろ考える[7]．この接線が y-軸の点 $(0, 2)$ を通ることはあり得るか．

問題 2.3　$(x^{-n})' = -nx^{-n-1}$（n は正の整数）を証明せよ．

問題 2.4　次の関数の導関数を求めよ．

(1) $f(x) = (x^2-1)^3$　　(2) $f(x) = \dfrac{x}{x^2+1}$

---

6 $\left(\frac{1}{y}\right)' = -\frac{1}{y^2}$ については，第1章の章末問題1.3を参照．

7 直線の方程式については第0章の(0.2)を参照．

第3章

指数関数の基本事項

この章の話題は指数関数である．ある一定の時間がたつと分裂する細胞がいるとする．このとき，その個体数は指数関数で表されると思われる．しかし，指数関数とは何かというとはっきりしないところがある．この章では，指数関数で表される現象例の説明と指数関数の数学的な考察をしてみたい．

3.1 生物の増殖

生物の個体数や人口の増減を，微分を使って考察することができる．今，ある細胞が分裂しているとする．10分ごとに2つに分裂するとし，細胞は死なずに永久に分裂し続けるとする．この細胞の個体数の増加について考えてみよう．個体数は最初 N_0 だとすれば，10分後には $2N_0$ となるだろう．$10n$ 分後の個体数を $N(n)$ とすると，$N(n) = 2^n N_0$ となるだろう．したがって，細胞の個体数は指数関数的に大きくなることになる．

しかし，こんな程度の考察でいいと思えばこれでいいのであるが，いくつかの疑問がわく．10分ごとにいっせいに分裂する訳ではないはずだから，上記の考察はちょっとあらすぎるのではないか．とすれば，$N(n)$ は整数値でない n に対しても値が定まっていなくてはならない．整数でない n に対して 2^n はどう定義すればいいのだろうか．このような疑問の余地が出ないように，そしてもっといろいろな状況の解析に使えるように，指数関数をみなおしてみる必要があるだろう．

時刻 t におけるある生物の個体数を $N(t)$ で表す．$N(t)$ は十分大きくて，事実上，t に対してなめらかに変化するものとする（各 t において $N(t)$ は微分可能とする）．法則を数式表現するとき，次の量に注目する．

$$\frac{N'(t)}{N(t)}.$$

この量は，個体数の増加率（単位時間あたりの個体数増）である $N'(t)$ を個体数 $N(t)$ で割っているわけであるから，「1個体についての増加率」が出ていることになる．あらくいえば，死亡率を考慮した「単位時間，1個体あたりの出生数」ということになる．これは**増殖率**と呼ばれる．上述の細胞分裂の法則は，「増殖率が正の定数になっている」ということである．

「増殖率が永久に一定 $(= k > 0)$ である」という法則は**マルサスの法則**と呼ばれる．これは

数式で

$$\frac{N'(t)}{N(t)} = k \quad (k \text{ は正の定数}) \tag{3.1}$$

と表現される．普通は，分母が 0 になっても気にしなくていいように次の式を使う．

$$N'(t) = kN(t). \tag{3.2}$$

この微分方程式を**マルサス方程式**と呼んでいる[1]．マルサス方程式は単純な形をしているが，もっと複雑な状況を考察するときの基礎となるものである．(3.1) においては右辺を単純に定数 k としたが，もっと複雑なものをもってくるのである．（たとえば，第 6 章 例 6.2 を参照）．

3.2　指数関数の定義と性質

この節では指数関数の定義や性質について考えてみたい．指数関数は微分方程式の解を表示するものとなるので，数学的にきちんと定義しておきたいというわけである．いくつかのやり方があるが，ここでのやり方は無限級数を使う方法である．

まず，うまく定義できたとして，指数関数（これを $g(x) = a^x$ と書こう）の最も特徴的な性質は何なのかを考えてみよう．すると，それは**指数法則**

$$g(x+y) = g(x)g(y) \quad (\text{すなわち } a^{x+y} = a^x a^y) \tag{3.3}$$

であると思える．以下では，「この性質がすべての実数 x, y に対して成立している」ということが指数関数の本質であると考えて，$g(x)$ をどのように定義すればいいか考察していく．

(3.3) において，$x = y = 0$ とおくと，$g(0) = g(0)g(0)$ が得られる．当然 $g(0) \neq 0$ が期待されるから，$g(0)$ で割って $g(0) = 1$（すなわち $a^0 = 1$）である．また，$g(x)$ は微分可能であるとして，(3.3) を使うと，

$$g'(x) = \lim_{h \to 0} \frac{g(x+h) - g(x)}{h} = \lim_{h \to 0} \frac{g(h) - 1}{h} g(x)$$

が成立する．$g(0) = 1$ に注意すると $\displaystyle\lim_{h \to 0} \frac{g(h) - 1}{h} = g'(0)$ である．したがって，$g(x)$ は次の微分方程式をみたすものである．

$$\begin{cases} g'(x) = kg(x) & (k = g'(0)), \\ g(0) = 1. \end{cases} \tag{3.4}$$

実は，これがなりたてば (3.3) が得られるのである．つまり，$g(0) = 1$ のもとで (3.3) と (3.4) は同等なのである．これは次のようにすれば確かめられる．

今 y を固定して，x の関数 $u(x) = g(x+y) - g(x)g(y)$ を導入する．(3.4) より $u'(x) = g'(x+y) - g'(x)g(y) = kg(x+y) - kg(x)g(y) = ku(x)$ となる．また $u(0) = 0$ である．よっ

[1] この方程式の解は指数関数の定数倍になることがわかっている（次節参照）．イギリスの経済学者であるマルサスは，このことを使って人口爆発などについて論じた．

て，$u(x)$ は次の微分方程式の解になっている．

$$\begin{cases} u'(x) = ku(x), \\ u(0) = 0. \end{cases}$$

この方程式の解は $u(x) = 0$ に限られることがわかっている（第 17 章 の定理 17.3 を参照）．ゆえに，y は任意であったから，常に $g(x+y) - g(x)g(y) = 0$ である．つまり，(3.3) が成立する．

さて，次に (3.4) をみたす具体的な関数をみつけることを考えよう．$(x^n)' = nx^{(n-1)}$ となることはすでにみた（第 1 章 の (1.4) を参照 ）．したがって，次のことがなりたつ．

$$\left(1 + \frac{x}{1} + \frac{x^2}{1\cdot 2} + \frac{x^3}{1\cdot 2\cdot 3} + \cdots + \frac{x^n}{n!}\right)'$$
$$= 1 + \frac{x}{1} + \frac{x^2}{1\cdot 2} + \frac{x^3}{1\cdot 2\cdot 3} + \cdots + \frac{x^{n-1}}{(n-1)!}$$

ここで，$n! = 1\cdot 2\cdot 3\cdots n$ である．この式から，足し算を無限個にして（厳密には有限個の足し算の極限値を考えて），関数

$$e(x) = \lim_{n\to\infty}\left(1 + \frac{x}{1} + \frac{x^2}{2!} + \frac{x^3}{3!} + \cdots + \frac{x^n}{n!}\right) \tag{3.5}$$

を導入とすると，$e(x)$ は

$$\begin{cases} e'(x) = e(x), \\ e(0) = 1. \end{cases} \tag{3.6}$$

をみたすであろう．これが正しいとすれば，$g(x) = e(kx)$ は (3.4) をみたすことがわかる（第 2 章の (2.5) を使う）．

以上のことから，$e(x)$ を (3.5) で定義し，$e(kx)$ を一般的な指数関数とすればいいだろうということがわかる．任意の k に対して $e(kx)$ はすべて指数法則 (3.3) をみたす．しかし，上述のアイデアを数学的に厳密なものにしようとすると，あまり簡単な話ではない．何よりも，(3.5) にある極限値の存在を示さなければならない．さらに，このようにして定義された関数が微分可能であって (3.6) をみたすことも証明しなくてはならない．これらについては第 13 章で考えることにして（定理 13.2 参照），当面は，$e(x)$ がすべて思い通りの関数であることを認めて，これを使うことにする．前節で出てきたマルサス方程式の解は $N(t) = N_0\, e(kt)$（N_0 は $t = 0$ のときの個体数）と書けることになる．なぜなら，$\{e(kt)\}' = ke(kt)$ であり，$N(t) = N_0 e(kt)$ はマルサス方程式 (3.2) および $N(0) = N_0$ をみたすからである[2]．第 6 章では指数関数を使って解が表示できる微分方程式をいくつか取り上げる．

上記の $e(x)$ は，通常 e^x あるいは $\exp(x)$ と書かれ，**exponential 関数**とも呼ばれる．以後 $e(x)$ は e^x と書くことにする．さらに，$e(1) = e^1$ を単に e と書く．$e = 2.71\cdots$ であることが

[2] 第 17 章の定理 17.2 より，(3.2) の解で $N(0) = N_0$ をみたすものは，存在すればそれが唯一つの解になる．

わかっており，この値を**ネピアの数**という．また，任意の正の数 a に対する a^x は，$e^k = a$ となる k を取ってきて[3]，e^{kx} で定義する．

e^x の基本的な性質をあげておこう．

(i) すべての実数 x に対して $e^x > 0$ である．

(ii) n が正の整数のとき，$e^n = \overbrace{e \times e \times \cdots \times e}^{n\text{個}}$ である．

常に $(e^x)' = e^x > 0$ であるから，$e(x)$ は増加関数である．e^x のグラフは右図のようになる．しかも，次の定理が示すように，その増大度はいかなる多項式よりも大きい．

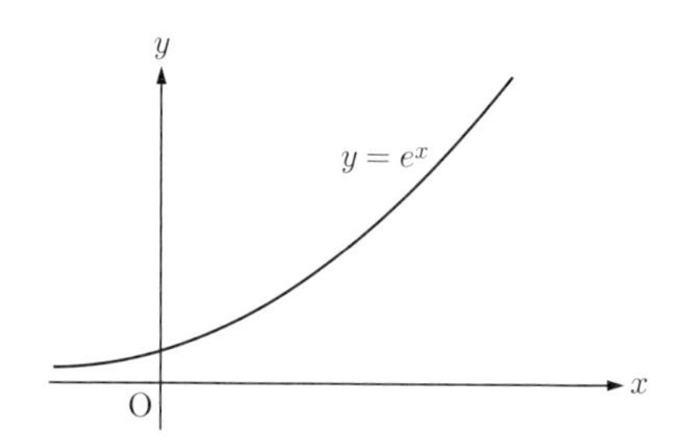

> **定理 3.1**　$f(x)$ を (任意の次数 n の) 多項式とする．すなわち，$f(x) = a_n x^n + a_{n-1}x^{n-1} + \cdots + a_1 x + a_0$ ($a_n \neq 0$) とする．このとき次の式がなりたつ．
> $$\lim_{x\to\infty} \frac{|f(x)|}{e^x} = 0.$$

証明

$$\left|\frac{f(x)}{e^x}\right| \leq \frac{|a_n x^n| + |a_{n-1}x^{n-1}| + \cdots + |a_1 x| + |a_0|}{e^x} = \sum_{i=0}^{n} |a_i| \frac{x^i}{e^x} \quad (0 < x)$$

となるので，$\displaystyle\lim_{x\to\infty} \frac{x^i}{e^x} = 0$ を示せばよい．$x \geq 0$ のとき $e^x < \dfrac{1}{(i+1)!}x^{i+1}$ となることから

$$\frac{x^i}{e^x} \leq \frac{(i+1)!\, x^i}{x^{i+1}} = \frac{(i+1)!}{x} \quad (0 < x)$$

が得られる．したがって，$\displaystyle\lim_{x\to\infty} \frac{x^i}{e^x} = 0$ である．

（証明終わり）

章末問題

問題 3.1　1年間ごとに利息が 0.5 %つく定期預金がある．預金額は複利計算（1年間ごとに利息を元金に組み入れる）で計算されるとする．10万円の預金は10年間後にはいくらになっているか (小数第1位を四捨五入せよ)．

問題 3.2　ある都市の人口が100万人だったとする．1年後の人口は105万人であり，2年後の人口は110万人だったとする．この間，この都市の人口はマルサス法則にしたがっていたと

[3] このような k は必ず存在する (第5章の例 5.1 を参照)．

いえるか．

問題 3.3 限られた領域で増殖している生物がいる．存在できる個体数の限界は L だとする．各時刻での増殖率は，「そのときの個体数と L との差」に比例するとする．このことを微分方程式で表せ．

問題 3.4 $f(x)$ を n 次多項式とする（$n \geq 1$）．

(1) $\displaystyle\lim_{x\to\infty} |f(x)| = \infty$ を示せ．

(2) $\displaystyle\lim_{x\to\infty} \frac{e^x}{|f(x)|} = \infty$ を示せ．

第 4 章

三角関数の基本事項

この章では，三角関数を一般角で考える意図やその定義について話したい．さらに，三角関数の微分に関する公式についても説明したい．

4.1　三角関数の定義

三角関数（$\cos\alpha$, $\sin\alpha$, $\tan\alpha$ など）はもともと測量や図形との関係で使われるようになった．$\cos\alpha$ を例にとり，このことをもう少し具体的に説明しよう．右の図 1 のように直角三角形 ABC があり（$\angle$BAC は直角とする），$\alpha = \angle$ABC とする．α の隣辺 AB と斜辺 BC の比（隣辺 $\div$ 斜辺）は，辺の長さが変わっても α が同じであれば一定である．つまり，この比は角度 α が決まれば定まる数である．この数を角度 α の関数とみて，それを「$\cos\alpha$」で表したのである．この $\cos\alpha$ の数値がわかっているという前提であるが，一般の三角形 ABC において辺 AC の長さを知りたいとき，それを直接測らなくても，他の 2 辺 AB, BC と $\angle$ABC を計測すれば AC の長さがわかる（右の図 2 参照）．このことは，余弦定理

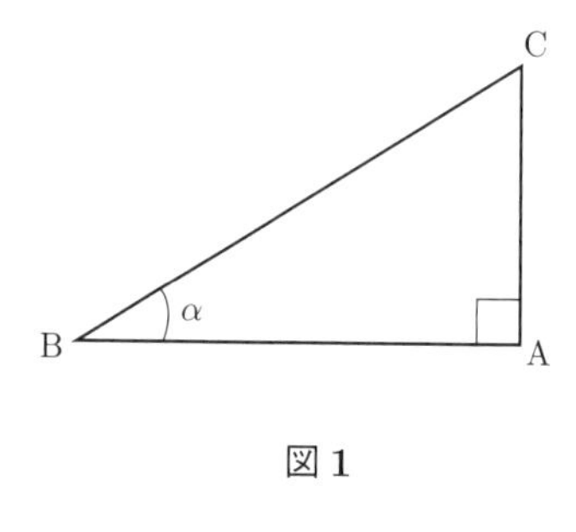

図 1

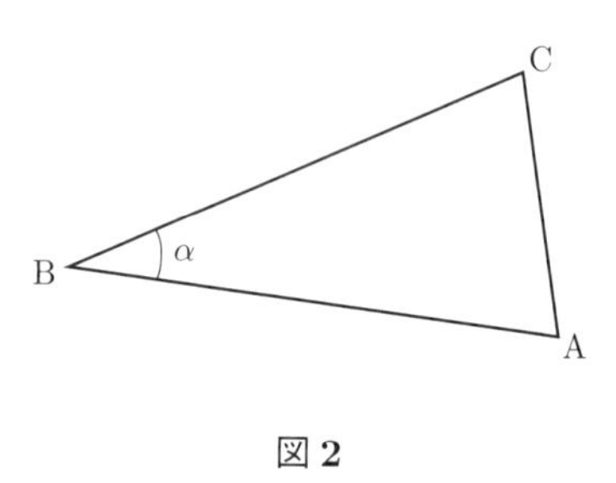

図 2

(4.1)
$$\mathrm{AC}^2 = \mathrm{AB}^2 + \mathrm{BC}^2 - 2\mathrm{AB}\cdot\mathrm{BC}\cos\alpha \quad (\alpha = \angle\mathrm{ABC})$$

として知られている．α が直角のときは $\cos\alpha = 0$ となり，$\mathrm{AC}^2 = \mathrm{AB}^2 + \mathrm{BC}^2$ が成立する．これは**ピタゴラスの定理**（あるいは**三平方の定理**）として古くから知られていたものである．また，このピタゴラスの定理から，座標平面（xy-平面）において，座標が $(x,y), (\tilde{x},\tilde{y})$ である 2 点 P,Q の距離 PQ が

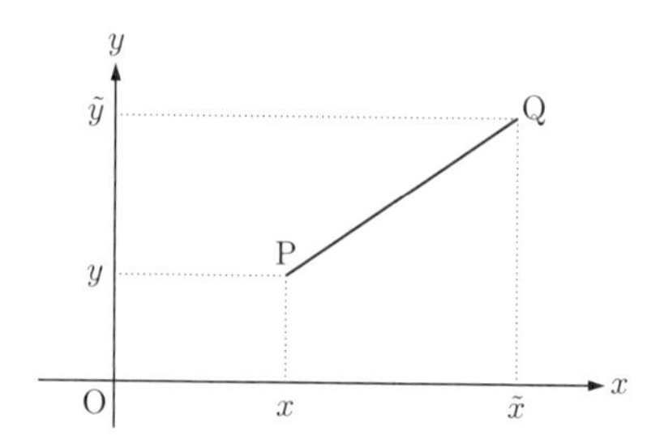

(4.2)
$$\mathrm{PQ} = \sqrt{(x-\tilde{x})^2 + (y-\tilde{y})^2}$$

となることに注意しよう（このことは後で使う）．

しかし，このような話だけでは，三角関数を一般角で（すべての実数に対して）定義し，その微分まで考える理由がよくわからない．実は，そうする理由は，$\cos\alpha$, $\sin\alpha$ などをさまざまな現象の表示関数に使おうとしたことにある．これまでやってきたように，現象を解析するとき，支配法則をいったん数式（微分方程式など）で表示し，その式を数学的に詳しく解析する．そのとき，方程式の解の表示に一般角の三角関数を使おうというのである．そのため，数学的な解析に耐えるような形で三角関数を定義し，三角関数の微分や積分を考えていきたいのである．ここではわかりやすさを優先させるため，多少厳密さを犠牲にして図形を使った話で議論を進めたい．

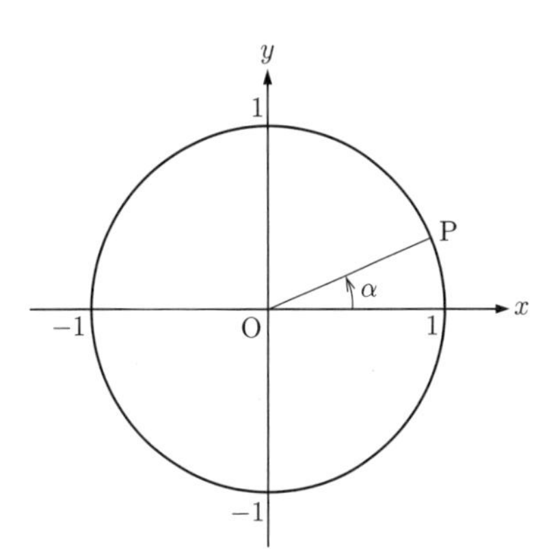

座標平面（xy-平面）において，中心が原点 O にある半径 1 の円を考える．点 $(1,0)$ を出発点にしてこの円周上を移動する点 P があるとする（右図参照）．このとき，OP と x-軸とのなす角 α（中心角）について特別な決め方をする．つまり，時計の逆周りに移動してきたときは $\alpha > 0$ とし，時計回りのときは $\alpha < 0$ とする．さらに，時計の逆周りに x-軸の負の部分を越えたときは $180°$ を超えた数値で表す．時計の周りのときも同様の決め方をする．このような決め方の角度を一般角という．

この一般角 α に対して，三角関数を次のように定義する．

三角関数の定義

$\cos\alpha = \mathrm{P}$ の x-座標，　　$\sin\alpha = \mathrm{P}$ の y-座標，

$$\tan\alpha = \frac{\mathrm{P}\text{ の }y\text{-座標}}{\mathrm{P}\text{ の }x\text{-座標}} \quad \left(= \frac{\sin\alpha}{\cos\alpha}\right)$$

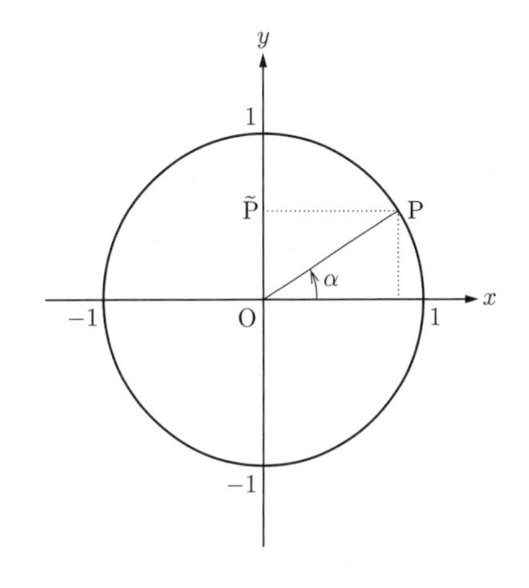

この三角関数は，$0° < \alpha < 180°$ のときは，図形などで扱う三角関数と同じものになっている．さらに，微分積分を考えるときは，角度は弧度法（ラジアン）を使うことになっている．それは，後に示す $(\sin x)' = \cos x$ などの微分の公式がきれいな形で得られるからである（章末の問題 4.4 参照）．以後，角度は常に弧度法であるとする．

右図において，点 P の y-軸へ下ろした垂線の足を $\tilde{\mathrm{P}}$ とする．α を時間 t だと思うと $(\alpha = t)$，$\tilde{\mathrm{P}}$ は y-軸上で周期運動をする．そして，$\tilde{\mathrm{P}}$ の座標である

$\sin t$ は周期関数になり，そのグラフは右図のような形をしている．第 7 章で詳しく論及するが，バネでつり下げられたおもりはまさしくこの $\tilde{\mathrm{P}}$ のような周期運動をするのである．このおもりの現象はある微分方程式で表され，その方程式の解が実は三角関数で具体的に表示されるのである．

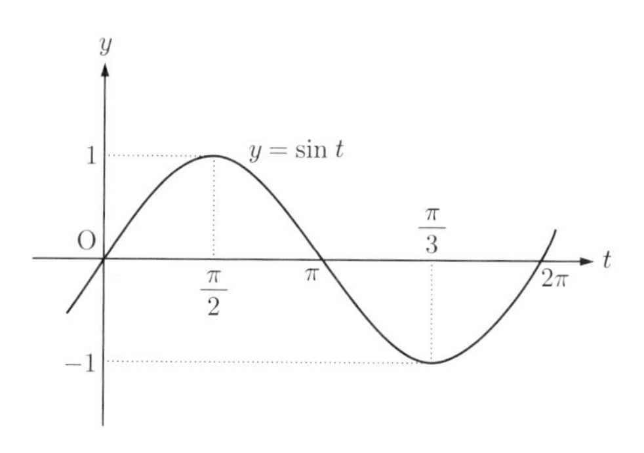

上記の一般角に対する三角関数に対しても，以下の等式がなりたつ．

$$\cos^2\alpha + \sin^2\alpha = 1, \tag{4.3}$$

加法定理

$$\cos(\alpha \pm \beta) = \cos\alpha\cos\beta \mp \sin\alpha\sin\beta, \tag{4.4}$$

$$\sin(\alpha \pm \beta) = \sin\alpha\cos\beta \pm \cos\alpha\sin\beta. \tag{4.5}$$

(4.3) は三平方の定理（$\alpha = 0$ としたときの (4.1)）より導ける．

(4.4) の $\cos(\alpha+\beta)$ の公式を証明しておこう．右図のように，中心角がそれぞれ $\alpha+\beta$, α, 0, $-\beta$ である点 P, Q, R, S をとる．図は $0 \leq \alpha$, $0 \leq \beta$, $\alpha+\beta \leq \pi$ のときのものだが，以下のことはそうでないときでもなりたつ．これらの点の座標はそれぞれ $(\cos(\alpha+\beta), \sin(\alpha+\beta))$，$(\cos\alpha, \sin\alpha)$，$(1, 0)$，$(\cos(-\beta), \sin(-\beta))$ である．三角形 POR と三角形 QOS は合同であるから，PR = QS である．一方 (4.2) より PR, QS は P, Q, R, S の座標で表せる．これらのことから，座標の成分である $\cos(\alpha+\beta)$, $\sin(\alpha+\beta)$, $\cos\alpha$, $\sin\alpha$, $\cos\beta$, $\sin\beta$ に関する何か等式が出るはずである．その等式から加法定理が導けると思える．このことを実行してみよう．

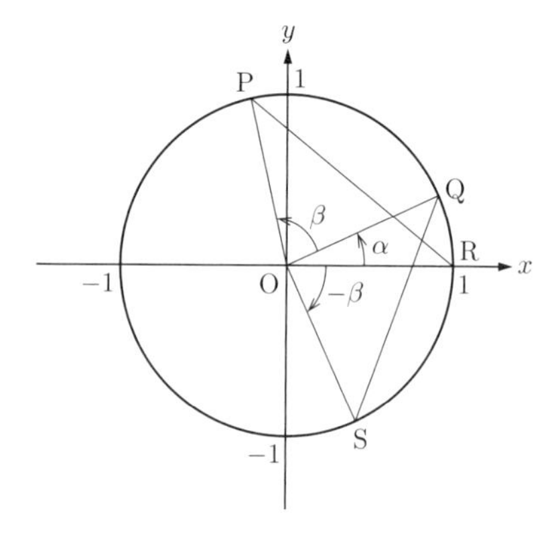

(4.2) より

$$\begin{aligned}
\mathrm{PR}^2 - \mathrm{QS}^2 &= (\cos(\alpha+\beta) - 1)^2 + \sin^2(\alpha+\beta) \\
&\qquad - \left\{ \big(\cos\alpha - \cos(-\beta)\big)^2 + \big(\sin\alpha - \sin(-\beta)\big)^2 \right\} \\
&= \cos^2(\alpha+\beta) + \sin^2(\alpha+\beta) + 1 - \cos^2\alpha - \sin^2\alpha - \cos^2\beta - \sin^2\beta \\
&\qquad -2\cos(\alpha+\beta) + 2\cos\alpha\cos\beta - 2\sin\alpha\sin\beta
\end{aligned}$$

である．ここで，$\mathrm{PR}^2 - \mathrm{QS}^2 = 0$ と (4.3) を使って，

$$\cos(\alpha+\beta) - \cos\alpha\cos\beta + \sin\alpha\sin\beta = 0$$

が得られる．すなわち，(4.4) の $\cos(\alpha+\beta)$ のときの等式が成立する．

$\cos(\alpha-\beta)$ の公式については，$\alpha-\beta=\alpha+(-\beta)$ としてすでに証明した公式を使えばよい．$\sin(\alpha\pm\beta)$ の加法定理の証明は，章末の問題 4.2 で読者に任せたい．

4.2 三角関数の微分

三角関数の微分に関して次の等式が成り立つ．

三角関数の微分

定理 4.1 $(\sin x)'=\cos x\ ,\qquad (\cos x)'=-\sin x\ ,\qquad (\tan x)'=\dfrac{1}{\cos^2 x}$

証明の基本となるのは次の公式（**三角関数の基本公式**）である．

$$\lim_{h\to 0}\frac{\sin h}{h}=1 \tag{4.6}$$

上のように，極限値 $\displaystyle\lim_{x\to a}\frac{f(x)}{g(x)}$ を調べるとき，$x=a$ を代入すると[1]，意味のない $\dfrac{0}{0}$ という形になることがある．このようなものや $\dfrac{\infty}{\infty}$ などとなるものは，一般に**不定形**とよばれる．不定形のときは，極限値が存在するかどうかそのままではわからない．不定形でない形に変形するなど何らかの工夫をして極限値を求めることになる．

このような工夫の1つとして，次の公式（**ロピタルの定理**）がある．$f(a)=g(a)=0,\ g'(a)\neq 0$ のとき

$$\lim_{x\to a}\frac{f(x)}{g(x)}=\lim_{x\to a}\frac{f'(x)}{g'(x)} \tag{4.7}$$

が成立する[2]（この公式を利用する問題が章末問題にある）．(4.6) にこのロピタルの定理が使えそうにみえるが，そもそも「$(\sin x)'=\cos x$」が得られていない段階なので別のやり方を考えないといけない．

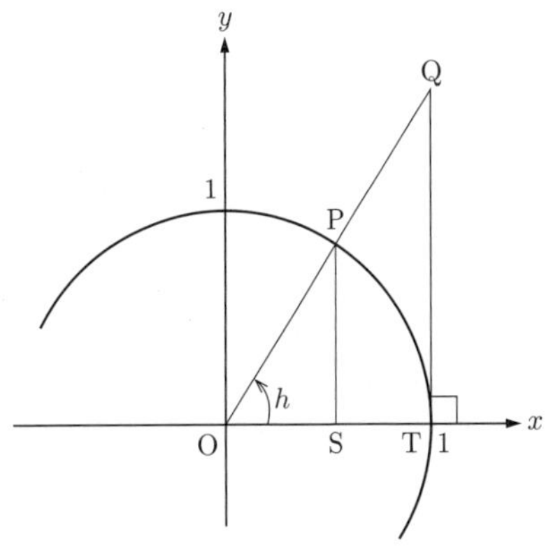

(4.6) の証明　$0<h\ \left(<\dfrac{\pi}{2}\right)$ とする．右図は，前節で $\sin\alpha\ (\alpha=h)$ を定義したときの図と同じものである．P より x-軸に下した垂線の足を S とし，点 $(1,0)$ を T とする．さらに，T を通り x-軸に垂直な直線と直線 OP との交点を Q とする．図において

$$\sin h=\text{線分 PS}<\text{弧 PT}<\text{線分 QT}=\tan h$$

が成立する．弧 PT $=h$ であるので

---

[1] 正確にいうと，$\displaystyle\lim_{x\to a}\cdots$ において，「$x\to a$」は常に $x\neq a$ としながら x を a に限りなく近づけるということであり，$x=a$ を代入するということではない．

[2] 前提として，「$x=a$ の近くで $g(x)\neq 0$」，「$f'(x), g'(x)$ は $x=a$ で連続」が仮定してある．$\displaystyle\lim_{x\to a}\frac{f(x)}{g(x)}=\lim_{x\to a}\frac{f(x)-f(a)}{g(x)-g(a)}=\lim_{x\to a}\frac{\frac{f(x)-f(a)}{x-a}}{\frac{g(x)-g(a)}{x-a}}=\frac{f'(a)}{g'(a)}=\lim_{x\to a}\frac{f'(x)}{g'(x)}$ より (4.7) を得る．

$$\sin h < h < \tan h = \frac{\sin h}{\cos h}$$

となる．したがって，

$$\cos h < \frac{\sin h}{h} < 1$$

がなりたつ．$\lim_{h \to 0} \cos h = 1$ だから $\lim_{h \to +0} \frac{\sin h}{h} = 1$ がなりたつ．

$h < 0$ のときは，$\sin h = -\sin(-h)$, $\cos h = \cos(-h)$, $-h > 0$ に注意すると，$h > 0$ のときの議論により

$$\cos(-h) < \frac{\sin(-h)}{(-h)} < 1$$

が得られる．よって，$\lim_{h \to -0} \frac{\sin h}{h} = 1$ となる．ゆえに，(4.6) が得られた．

定理 4.1 の証明　$(\sin x)' = \cos x$ を証明しよう．加法定理 (4.5) より

$$\frac{\sin(x+h) - \sin x}{h} = \frac{\sin x \cos h + \cos x \sin h - \sin x}{h} = (\cos x)\frac{\sin h}{h} + (\sin x)\frac{\cos h - 1}{h}$$

と変形できる．ここで，(4.6) より $\lim_{h \to 0} \frac{\sin h}{h} = 1$ となる．さらに，$\cos h = 1 - 2\sin^2 \frac{h}{2}$ が成立する[3]から，(4.6) より $\lim_{h \to 0} \frac{\cos h - 1}{h} = -\lim_{h \to 0} \frac{\sin \frac{h}{2}}{\frac{h}{2}} \sin \frac{h}{2} = 0$ がなりたつ．ゆえに，$\lim_{h \to 0} \frac{\sin(x+h) - \sin x}{h} = \cos x$ が得られる．

（証明終わり）

$(\cos x)' = -\sin x$ の証明は，章末の問題 4.3 で読者に任せたい．

$(\tan x)' = \frac{1}{\cos^2 x}$ の証明は，次のようにすればよい．$\tan x = \frac{\sin x}{\cos x}$ であるから，第 2 章にある「分数関数の微分」（11 ページ参照）を使って，

$$(\tan x)' = \frac{(\sin x)' \cos x - \sin x (\cos x)'}{\cos^2 x} = \frac{\cos^2 x + \sin^2 x}{\cos^2 x} = \frac{1}{\cos^2 x}$$

が得られる．

章末問題

問題 4.1　次の極限値を求めよ．

(1) $\lim_{x \to 0} \frac{1 - \cos x}{\tan x}$　　(2) $\lim_{x \to 0} \frac{\sin x}{e^x - e^{-x}}$

問題 4.2

(1) 三角関数の定義より，次の等式を導け．

$$\cos\left(\theta + \frac{\pi}{2}\right) = -\sin\theta, \quad \sin\left(\theta + \frac{\pi}{2}\right) = \cos\theta$$

(2) $\cos(\alpha - \beta) = \cos\alpha\cos\beta + \sin\alpha\sin\beta$ より $\sin(\alpha \pm \beta) = \sin\alpha\cos\beta \pm \cos\alpha\sin\beta$ を導け．

問題 4.3　$(\sin x)' = \cos x$ より，$(\cos x)' = -\sin x$ を導け．

---

[3] 加法定理より $\cos\theta = \cos^2 \frac{\theta}{2} - \sin^2 \frac{\theta}{2} = 1 - 2\sin^2 \frac{\theta}{2}$（**半角の公式**）である．

問題 4.4　三角関数の角度を度数 (x°) で表したとしたら，$(\sin x^\circ)' = \cos x^\circ$ とはならない．どのような等式になるか．

第 5 章

逆関数の基本事項

関数とは，変数 x の値ごとに何か値 y が定まっているものをいう．このとき，この逆向きの対応（$y \mapsto x$）を考え，この対応による関数のことを逆関数という．本章では，逆関数の基本事項を説明するとともに，具体的な逆関数がどのようなことに利用されるかについて説明したい．

5.1　逆関数の定義

関数 $f(x)$ は，x の動く範囲（**定義域**）が区間 I であり，そこで一対一になっているとする．$f(x)$ の値の全体（**値域**）を J $(= \{f(x)\}_{x \in I})$ とする．このとき，各 $\tilde{x}$ に対して $\tilde{x} = f(y)$ となる y がただ一つ存在する．$\tilde{x}$ に対する y の対応を関数の一種とみなして，この関数を $f(x)$ の**逆関数**と呼ぶ．記号では，独立変数を $\tilde{x}$ から x に変えて，$f^{-1}(x)$ で表す．$f^{-1}(x)$ の定義域は J である．$f(x)$ の定義域が変わると，一対一性や値域が変わる．それにともない，逆関数に関することも変わってくる．したがって，逆関数を考えるときは，常に元の関数がどこで定義され，どんな状況にあるかに注意を向けなければならない．

たとえば，$f(x) = x^2$ は，定義域を $I = (0, \infty)$ とすると，一対一になっており，I に対する $f(x)$ の値域は $(0, \infty)$ である．この設定のもとで，$f(x)$ の逆関数 $f^{-1}(x)$ が定義できる．実は，$f^{-1}(x)$ は $\sqrt{x}$ である（右図参照）．x^2 の定義域を $(-\infty, \infty)$ とすると，$f(x) = x^2$ は一対一にならない．したがって，このときは逆関数は考えない．

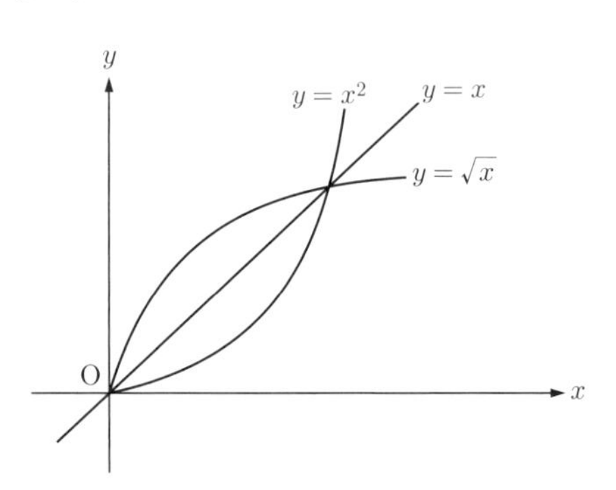

$f(x)$ と $f^{-1}(x)$ のグラフを同じ座標平面に描くと，上図のように，互いに直線 $y = x$ に関して対称になっている（証明については，章末の問題 5.1 で読者に任せたい）．また，次の等式が成立する．

$$f(f^{-1}(x)) = x \ (x \in J), \quad f^{-1}(f(x)) = x \ (x \in I). \tag{5.1}$$

逆関数に対して，「なぜわざわざ逆向きの関数を考えるのだろう」という疑問をもった人もいるかもしれない．その理由の一つは，逆関数が数学的な解析の道具として有用だからである．その例の一つが指数関数の逆関数である．すなわち，対数関数である．

例 5.1 対数関数の定義

指数関数 a^x $(a > 0, a \neq 1)$ の逆関数を，**底**を a とする**対数関数**と呼び，$\log_a x$ と書く[1]．特に，$a = e$ のとき単に $\log x$ と書く．

ここで a^x について少し触れておきたい．a^x は，$e^k = a$ となる k を取り，e^{kx} で定義した．この定義が有効であるのは，このような k が必ず存在するからである．それは結局

(5.2) 任意の正数 y に対して，$e^x = y$ となる x が存在する

ことを意味する．また，e^{kx} の逆関数の定義域が切れ目なく $(0, \infty)$ であることをいうには，やはり (5.2) を示さなければならない[2]．このようなことを厳密に保証しようとすると，かなりこみいった議論が必要になる．(5.2) の証明には，補章にある中間値定理（定理 18.3）を使うことになる．

しかし，ここではこれ以上深入りしないことにして，a^x は定義域 $(-\infty, \infty)$ で一対一であり，値域は $(0, \infty)$ であるとする．したがって，$\log_a x$ の定義域は $(0, \infty)$ であり，値域は $(-\infty, \infty)$ である．$\log_a x$ $(a > 1)$ のグラフは右図のようになっている．

対数関数の重要な特徴は

(5.3) $\log_a xy = \log_a x + \log_a y$ （**対数法則**）

である．さらに，次の性質にも注意しよう．

$$\log_a x = \frac{\log_b x}{\log_b a} \quad (b > 0, \neq 1), \tag{5.4}$$

$$\log a^x = (\log a)x. \tag{5.5}$$

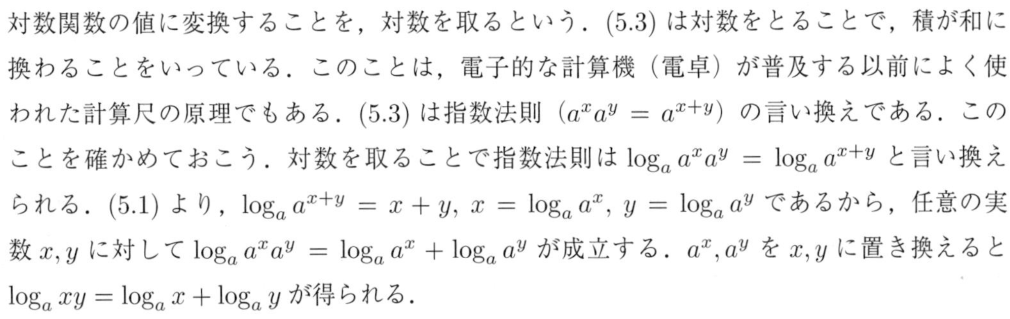

対数関数の値に変換することを，対数を取るという．(5.3) は対数をとることで，積が和に換わることをいっている．このことは，電子的な計算機（電卓）が普及する以前によく使われた計算尺の原理でもある．(5.3) は指数法則（$a^x a^y = a^{x+y}$）の言い換えである．このことを確かめておこう．対数を取ることで指数法則は $\log_a a^x a^y = \log_a a^{x+y}$ と言い換えられる．(5.1) より，$\log_a a^{x+y} = x + y$, $x = \log_a a^x$, $y = \log_a a^y$ であるから，任意の実数 x, y に対して $\log_a a^x a^y = \log_a a^x + \log_a a^y$ が成立する．a^x, a^y を x, y に置き換えると $\log_a xy = \log_a x + \log_a y$ が得られる．

(5.4) は，底を a から b に変えるときの変換公式を与えている．

(5.5) は，対数をとることによって，指数関数的な増大が直線的（1 次式的）な増大に変わることをいっている．数量を対数関数で変換した方がいいことがあるのである．たとえば，音の

---

[1] $\log_a x$ と書くだけで $a > 0, a \neq 1, x > 0$ を仮定している．

[2] 逆関数の定義に求められる「e^{kx} が一対一であること」は，e^{kx} が増加関数（あるいは減少関数）であることからしたがう．

強さ（エネルギー）の増加は，われわれの感覚としては，指数関数的なとき直線的な増加として感じる．したがって，音の強さの単位であるデシベルは対数関数を使って定義される．

上記の対数関数以外で，しばしば使われるのが三角関数の逆関数（**逆三角関数**）である．

例 5.2　$\tan^{-1} x$ の定義

三角関数 $\tan x$ の定義域を区間 $\left(-\frac{\pi}{2}, \frac{\pi}{2}\right)$ にとると，一対一になり，値域は $(-\infty, \infty)$ となる．この関数の逆関数を，$\arctan x$, $\tan^{-1} x$ などで表し，**逆正接関数**，**アークタンジェント関数**などと呼ぶ．

定義域を $\left(\frac{\pi}{2}, \frac{3\pi}{2}\right)$ にとっても同じように逆関数が定義できる．したがって，厳密には定義域をどこで考えるか常に言わないといけない．定義域が $\left(-\frac{\pi}{2}, \frac{\pi}{2}\right)$ のときは，特に $\mathrm{Tan}^{-1}x$ などで表す．

この $\tan^{-1} x$ と同様に，$\cos x$ および $\sin x$ に対して逆関数が定義でき，それぞれ**逆余弦関数**，**アークコサイン関数**および**逆正弦関数**，**アークサイン関数**などと呼ばれる．さらに，$\arccos x$, $\cos^{-1} x$ および $\arcsin x$, $\sin^{-1} x$ などで表す．特に，$\cos x$ の定義域を $(0, \pi)$ で考えているときは $\mathrm{Cos}^{-1}x$ と書き，$\sin x$ の定義域を $\left(-\frac{\pi}{2}, \frac{\pi}{2}\right)$ で考えているときは $\mathrm{Sin}^{-1}x$ と書く．

関数 $f(x)$ の積分を具体的に計算するとき（第8章参照），$F'(x) = f(x)$ となる関数 $F(x)$（原始関数）を求めることが多い．上記の逆三角関数がちょうど求めたい原始関数になっていることがあり，逆三角関数をよくわかっている関数の仲間に入れたいのである．

5.2　逆関数の微分

関数 $f(x)$ は区間 I で定義されており，そこで常に $f'(x) \neq 0$ とする．このとき，逆関数 $f^{-1}(x)$ が定義できる．$f^{-1}(x)$ に対して次の定理がなりたつ．

逆関数の微分

定理 5.1　$f^{-1}(x)$ は微分可能であり，

$$(f^{-1})'(x) = \frac{1}{f'(f^{-1}(x))} \tag{5.6}$$

が成立する．

合成関数の微分公式（第2章の (2.5)）を $f^{-1}(f(x)) = x$（(5.1) 参照）に使って $(f^{-1})'(f(x))\, f'(x) = 1$ が得られる．ここで $y = f(x)$ とおくと，$x = f^{-1}(y)$ であるから

$$(f^{-1})'(y) = \frac{1}{f'(f^{-1}(y))}$$

となる．y を x に替えれば (5.6) が得られる．

しかし，上記の議論では「$f^{-1}(x)$ が微分可能であること」が示されていない．したがって，証明にはもう少し精密な議論をしないといけないが，今は定理 5.1 を認めることにする．厳密な証明は後で（補足 5.1 で）行うことにする．

定理 5.1 より，次のとおり，$\log x$ の導関数が求まる．

例 5.2　対数関数の微分

$$(\log x)' = \frac{1}{x}.$$

$\log x$ は e^x の逆関数であり，$e^{\log x} = x$ であるから，定理 5.1 より $(\log x)' = \dfrac{1}{e^{\log x}} = \dfrac{1}{x}$ が得られる．

$\log x$ の公式より x^α $(x > 0)$ の導関数が求まる．

例 5.3　関数 x^α の微分

α を任意の実数とする．このとき，次の式がなりたつ．

$$(x^\alpha)' = \alpha x^{\alpha-1} \quad (x > 0).$$

ここで x^α は $e^{\alpha\log x}$ で定義している[3]．この定義のもとで, $(x^\alpha)' = e^{\alpha\log x}\left(\alpha\dfrac{1}{x}\right) = \alpha x^\alpha\,(x^{-1})$ となるから上記の等式が得られる．α が 0 でない整数のときはすでに確かめたことに注意せよ（第 1 章の (1.4)，章末問題 1.3 および第 2 章の章末問題 2.3 を参照）．

例 5.4　逆三角関数 $\tan^{-1} x$ の微分

$$(\tan^{-1} x)' = \frac{1}{1+x^2}.$$

証明 $y = \tan^{-1} x$ とおく．$x = \tan y$ となる．定理 5.1 より $(\tan^{-1} x)' = \dfrac{1}{\frac{1}{\cos^2 y}}$ となる．$\cos^2 y + \sin^2 y = 1$ なので $1 + \dfrac{\sin^2 y}{\cos^2 y} = \dfrac{1}{\cos^2 y}$ である．ゆえに，$1 + \tan^2 y = \dfrac{1}{\cos^2 y}$ である．よって，$(\tan^{-1} x)' = \dfrac{1}{1+\tan^2 y} = \dfrac{1}{1+x^2}$ を得る．

（証明終わり）

他の逆三角関数の微分は次のようになる．

$$(\mathrm{Sin}^{-1} x)' = \frac{1}{\sqrt{1-x^2}}.$$

$$(\mathrm{Cos}^{-1} x)' = -\frac{1}{\sqrt{1-x^2}}.$$

---

[3] x^α について，α が整数でないとき，たとえば $\alpha = \dfrac{1}{2}$ のときは，$x^{\frac{1}{2}}$ を $y^2 = x$ かつ $y > 0$ をみたす y のことと定めることが多い．本書の定義は，この $x^{\frac{1}{2}}$ の拡張になっている．

補足 5.1

定理 5.1 を証明しておこう．定理 5.1 の記号を少し変えて，逆関数の変数は y で，もとの関数の変数は x で表すことにする．$f^{-1}(y)=x$, $y=f(x)$ とする．また，I で常に $f'(x)>0$ とする．「$f'(x)<0$」のときは，$g(x)=-f(x)$ とすれば，$g'(x)>0$ となるので「$f'(x)>0$」のときに帰着できる．I で常に $f'(x)>0$ ならば，I で $f(x)$ は増加している[4]．

まず，逆関数 $f^{-1}(y)$ が各点 y_0 において連続になることを示しておく．すなわち，任意の正数 ε に対して，次のような正数 δ がとれる．

(5.7)　　$|y-y_0|<\delta$ をみたす任意の y に対して $|f^{-1}(y)-f^{-1}(y_0)|<\varepsilon$ が成立する．

これは，$\displaystyle\lim_{y\to y_0} f^{-1}(y)=f^{-1}(y_0)$ の言い換えである．（任意の）区間 $[x_1,x_2]$ $(\subset I)$ を $f(x)$ で移すと，すきまなく[5] $[f(x_1),f(x_2)]$ に移っている．つまり，$\{f(x)\}_{x\in[x_1,x_2]}=[f(x_1),f(x_2)]$ である．このことから，$[x_0-\varepsilon,x_0+\varepsilon]$ は $f(x)$ によって $[f(x_0-\varepsilon),f(x_0+\varepsilon)]$ に移っている．しかも $f(x_0-\varepsilon)<f(x_0)<f(x_0+\varepsilon)$ である．したがって，δ を $[f(x_0)-\delta,f(x_0)+\delta]\subset[f(x_0-\varepsilon),f(x_0+\varepsilon)]$ となるように取れば，$y_0-\delta=f(x_0)-\delta<y<f(x_0)+\delta=y_0+\delta$ をみたす任意の y に対して $x_0-\varepsilon<f^{-1}(y)=x<x_0+\varepsilon$ が成立する．つまり，(5.7) がなりたつ．

定理 5.1 を証明するには $\displaystyle\lim_{y\to y_0}\left|\frac{f^{-1}(y)-f^{-1}(y_0)}{y-y_0}-\frac{1}{f'(x_0)}\right|=0$ を示すとよい．

$$\left|\frac{f^{-1}(y)-f^{-1}(y_0)}{y-y_0}-\frac{1}{f'(x_0)}\right|=\left|\frac{x-x_0}{f(x)-f(x_0)}-\frac{1}{f'(x_0)}\right|$$
$$=\left|\frac{1}{\frac{f(x)-f(x_0)}{x-x_0}}-\frac{1}{f'(x_0)}\right|=\left|f'(x_0)-\frac{f(x)-f(x_0)}{x-x_0}\right|\frac{1}{\left|\frac{f(x)-f(x_0)}{x-x_0}\right|}\frac{1}{|f'(x_0)|}$$

がなりたつ．ここで $f^{-1}(y)$ が y_0 で連続であること，つまり $y\to y_0$ のとき $f^{-1}(y)=x\to f^{-1}(y_0)=x_0$ となることに注意すると

$y\to y_0$ のとき，$\left|f'(x_0)-\dfrac{f(x)-f(x_0)}{x-x_0}\right|\to 0$ かつ $\dfrac{1}{\left|\frac{f(x)-f(x_0)}{x-x_0}\right|}\to\dfrac{1}{f'(x_0)}$

となる．したがって，定理 5.1 が得られる．

章末問題

問題 5.1　今，関数 $f(x)$ の逆関数 $f^{-1}(x)$ が定義できるとする．このとき，$f(x)$ のグラフと $f^{-1}(x)$ のグラフは直線 $y=x$ に関して対称になることを示せ．

問題 5.2　$\cos x$, $\sin x$ の定義域を $0\le x\le\dfrac{\pi}{2}$ として逆関数 $\cos^{-1}x$, $\sin^{-1}x$ を考える．このとき，$\sin x=\cos\left(\dfrac{\pi}{2}-x\right)$ となることに注意して次の等式を証明せよ．

$$\cos^{-1}x+\sin^{-1}x=\frac{\pi}{2}.$$

---

[4] ここでいう増加とは「$x_1<x_2$ ならば常に $f(x_1)<f(x_2)$ となっている」ことである．また，「増加していること」の証明は第 11 章を参照．

[5] 中間値定理（補章の定理 18.4）を使うと導ける．

問題 5.3　$(\mathrm{Sin}^{-1}x)' = \dfrac{1}{\sqrt{1-x^2}}$ を証明せよ．

問題 5.4　$\sin x$ の定義域を $\left(\dfrac{\pi}{2}, \pi\right)$ として逆関数 $\sin^{-1} x$ を考えたとする．このとき，$(\sin^{-1}x)' = \dfrac{1}{\sqrt{1-x^2}}$ となるか．

第 6 章

指数関数による現象表示

第 3 章で指数関数についてかなり詳しく考察した．この関数がある種の微分方程式の解の表示に使われ，そのことで現象の具体的な様子がよくわかることがある．この章では，このいくつかの実例について説明したい．

6.1　放射性物質の崩壊

1 つ 1 つの原子は，中心に核（原子核）があり，そのまわりに電子が存在している．さらに，原子核はプラスの電気を帯びた粒子（陽子）と帯びていない粒子（中性子）とで構成されており，通常陽子の個数と電子の個数とは同じであり，各原子は電気的に中性である．化学反応の特性は陽子（電子）の個数で決まり，陽子の個数が同じであれば同じ（原子の）名称で呼ばれる．したがって，同じ名称の原子であっても中性子の個数の違いでいくつかの種類が存在する．たとえば，水素は，原子核の中性子の個数が 0 個，1 個，2 個の違いで 3 種類（(通常の) 水素，重水素，三重水素）が存在する．

この中性子の個数の違いで，同じ原子であっても原子核が不安定であることがある．つまり，自然に別の原子核に変わってしまう物質（原子核）が存在する．そして，そのときエネルギー（放射線や熱など）を放出する．このような物質を**放射性物質**と呼んでいる．また，別の原子核に変わってしまうことを崩壊と呼んでいる．たとえば，セシウム 137（原子核の陽子の個数が 55 で，それと中性子との合計個数が 137 のもの）は，放射線を出してバリウムの原子核に変わってしまう．

放射性物質の崩壊に関する基本法則は何だろうか．それは

(6.1)　　単位時間あたりの（1 個の）原子核の崩壊確率は常に一定である

ことである．これは，放射性物質の各原子核は周りの状況（たとえば同種の原子核がたくさんあるかないかなど）に影響されず一定の確率で崩壊していくことを意味している．

この法則を数式で表示することを考えてみよう．ある物体に放射性物質の原子が含まれているとする．時刻 t におけるその個数は $N(t)$ であるとする（$N(t)$ は非常に大きく，十分なめらかな（何回でも微分できる）関数とする）．t から $t+h$ の間に個数は，$N(t+h)-N(t)$ だけ

変化する（負の増加）．この1個あたりの値 $-\dfrac{N(t+h)-N(t)}{N(t+h)}$ (>0) が，粗くいえば，時間 h での原子核1個の崩壊確率である．したがって，(6.1) でいう「単位時間あたりの (1個の) 原子核の崩壊確率」は，$\displaystyle\lim_{h\to 0}\left\{-\frac{N(t+h)-N(t)}{h\,N(t+h)}\right\}$ $\left(=-\dfrac{N'(t)}{N(t)}\right)$ とすればいいだろう．以上のことから (6.1) は

(6.2)　$$-\frac{N'(t)}{N(t)}=k\quad\bigl(\text{あるいは } N'(t)=-kN(t)\bigr)\quad(k\text{ は正の定数})$$

と言いかえられるだろう．この式こそが放射性物質の崩壊の法則だとして，放射性物質に関するさまざまな時間的変化を考察しようというわけである[1]．ここでは，放射性物質の原子の個数 $N(t)$ を使ったが，その質量 $M(t)$ を使っても，(6.2) と同じ方程式になる．なぜなら，$N(t)$ と $M(t)$ は比例しているので，ある定数 a があって $N(t)=aM(t)$ と書けるはずだから，$N'(t)=aM'(t)$ であり，$\dfrac{N'(t)}{N(t)}=\dfrac{aM'(t)}{aM(t)}=\dfrac{M'(t)}{M(t)}$ となるからである．

上記の微分方程式は第3章のマルサス方程式と同じ形をしている（ただし，今回は定数 $(=-k)$ が負であるが）．マルサス方程式については，その解が指数関数で表されることを示した．そのときの議論は，微分方程式に現れる定数が負であっても通用するものであった．したがって，(6.2) の解 $N(t)$ は指数関数 e^x を使って

(6.3)　$$N(t)=N_0\,e^{-kt}\quad(N_0\text{は } t=0 \text{ のときの量})$$

と書ける．放射性物質のときは，指数関数の定数が負になっているので，解のグラフは右図のようになる．

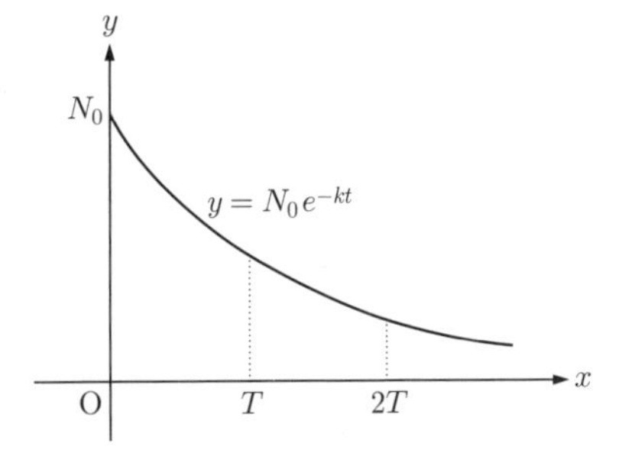

(6.3) を使うと，放射性物質の半減期が意味あるものとして定義できることがわかる．半減期とは放射性物質の量がちょうど半分になる時間のことである．すなわち，

$$\frac{N(t+T)}{N(t)}=\frac{N_0\;e^{-kt-kT}}{N_0\;e^{-kt}}=\frac{N_0\;e^{-kt}e^{-kT}}{N_0\;e^{-kt}}=e^{-kT}$$

となるから，$\dfrac{N(t+T)}{N(t)}=\dfrac{1}{2}$ となる T が t によらず（k から決まる固有の値として）定まるのである．そして，半減期 T は，原子核が崩壊する確率 $(=k)$ から決まる．したがって，放射性物質の崩壊は，$t=T,2T,3T,\ldots$ とみていくと，その量は $\dfrac{1}{2}$，$\dfrac{1}{2^2}$，$\dfrac{1}{2^3}$，$\ldots$ と減っていくのである．ちなみに，放射能汚染でよく出てくるセシウム137の半減期は約30年，年代測定などに使われる炭素14の半減期は5730年である．

[1] 原子核の崩壊には，上記のように自然に起こっていくもの他に，中性子が原子核に入り込むことなどで急激に連鎖的に起こるもの（連鎖反応）もある．

6.2　指数関数による解の表示

この節では，いくつかの微分方程式について，その解が指数関数によって具体的に表示できることを説明したい．

第1章で熱現象の考察をした．そのとき，現象を表す微分方程式は求めたが，その解の表示は検討しなかった．次の例でこの表示について考えたい．

例 6.1 熱現象の解の表示

ある物体を熱しておいて室内に放置したとする．放置して t 秒後における物体の温度を $u(t)\,{}^\circ\mathrm{C}$ とし，室温は $20^\circ\mathrm{C}$ であるとする．さらに，はじめの温度 $u(0)$ は，$u(0)=100$ とする．物体の温度は次の法則にしたがうとする．

物体の温度勾配は，物体の温度と室温との差に比例する．

このことから，$u(t)$ に対する微分方程式

$$(6.4)\qquad \begin{cases} u'(t) = -k\{u(t)-20\} & (k\text{ は正の定数}), \\ u(0)=100 \end{cases}$$

が得られる（第1章第1節を参照）．この解を，指数関数を使って具体的に表示してみよう．

$v(t)=u(t)-20$ とおく．$u(t)$ が (6.4) をみたしていれば，$v'(t)=u'(t)=-k(u(t)-20)=-kv(t)$ が成立する．つまり $v(t)$ は次の方程式の解である．

$$(6.5)\qquad \begin{cases} v'(t) = -kv(t), \\ v(0)=80 \end{cases}$$

逆に，$v(t)$ が (6.5) の解であれば，$u(t)=v(t)+20$ は (6.4) をみたす．したがって，(6.4) と (6.5) は，$v(t)=u(t)-20$ によって相互に変換される．(6.5) は放射性物質の方程式 (6.2) とまったく同じ形をしているので，$v(t)=80e^{-kt}$ と書ける．ゆえに，$u(t)$ は

$$u(t)=80e^{-kt}+20$$

と表示できる．この表示から，0以外のどこかの時刻 t_0 で温度がわかれば定数 k が定まる．つまり，すべての時刻 t における温度 $u(t)$ が具体的にわかることになる．

例 6.2 ロジスティック方程式の解（成長曲線）の表示

人口の少ないある地域が開発されて人口が増えていったとしよう．しかし，やがて人口は頭打ちになってくるであろう．グラフで示せば右図のようになるであろう．生物の成長などについても同じようなことがいえる．この背後には何か法則があるように思える．

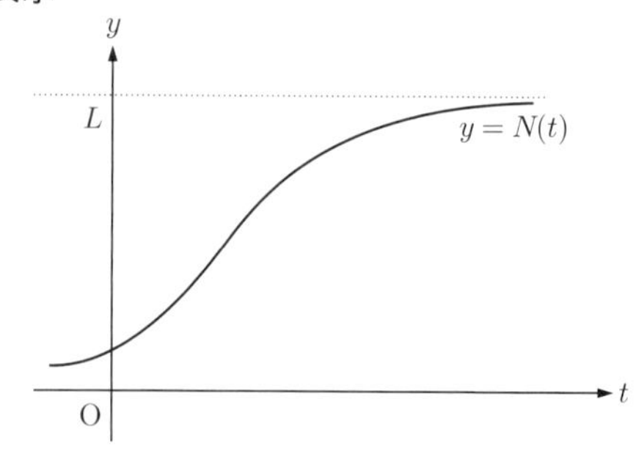

第3章では，人口（生物の個体数）について，増殖率（1人あたり単位時間あたりの増加率）が何に依存してるかという発想で方程式を導いた．このときの法則は，「増殖率は一定である」ということ（マルサス法則）だった．今回人口などに何か限界があるとしているのだから，増殖率は「限界までの余裕」に応じて小さくなっていくはずである．そこで，人口（あるいは生物の成長など）は，次の法則にしたがっているとすることが一つのアイデアである．

(6.6) 増殖率は「限界までの余裕」に比例している．

この法則を数式（微分方程式）で表現し，その方程式から出発して人口増加などの様子を解析しようということである．

今，時刻 t における人口を $N(t)$ としよう．生物の成長は結局生体内の細胞分裂であるので，成長の様子も細胞の個体数増の話と同様と思っていいだろう（そう仮定する）．したがって，$N(t)$ を生物のサイズ（身長など）とみてもよいだろう．増殖率は $\dfrac{N'(t)}{N(t)}$ である．また，限界 L までの余裕は $L-N(t)$ である．よって，(6.6) は $\dfrac{N'(t)}{N(t)}=a(L-N(t))$ （a は正の定数）と表される．さらに，分数が現れない形にすると

$$N'(t)=a(L-N(t))N(t) \tag{6.7}$$

となる．この微分方程式は**ロジスティック方程式**と呼ばれる．これに $t=0$ の $N(t)$ の値を指定した条件（**初期条件**）

$$N(0)=N_0 \qquad (N_0\text{は } 0<N_0<L \text{ をみたす任意の定数}) \tag{6.8}$$

を付け加えたものを基礎方程式とする．

方程式 (6.7) (6.8) の解は次のように表示される．

$$N(t)=\frac{LN_0}{(L-N_0)e^{-aLt}+N_0}. \tag{6.9}$$

この関数のグラフは**成長曲線**あるいは**ロジスティック曲線**と呼ばれている．その形は前ページにある図のようになる．上で述べたような人口の増加や生物の成長など，多くの実際の現象においてこの曲線は極めていい近似を与えるものである．(6.9) の表示が (6.7) と (6.8) をみたすことは，これを (6.7) (6.8) に代入してみればすぐわかる．しかし，それではわかった気がしないので，以下の補足 6.1 で，もう少しこのような表示が出てくる必然性が感じられるやり方で証明してみる．

例 6.3 新製品等の普及

何か新製品あるいは新技術がある地域に普及していくとする．この普及の様子が上述の成長曲線によく似ていることがしばしば起こる．このようになることの説明を，数学的な考察によって試みてみよう．

今，時刻 t においてそれを取り入れている戸数を $N(t)$ とし，その地域の全戸数は L とする．時刻 t から $t+h$ の間に新規に導入した戸数は $N(t+h)-N(t)$ である．したがって，この時間

に新規に導入する確率は $\dfrac{N(t+h)-N(t)}{L-N(t)}$ と考えていいだろう．この確率の単位時間あたりの量 $\dfrac{N(t+h)-N(t)}{h}\dfrac{1}{L-N(t)}$，さらに $h \to 0$ とした量 $\dfrac{N'(t)}{L-N(t)}$ に注目する．この量（導入確率と呼ぶことにする）は何で決まるであろうか．おそらく，「取り入れている家からの刺激」や「全戸に与えられる宣伝などの刺激」などと関係しているだろう．今，前者の刺激だけに関係しているとして，支配法則は次のものであるとしよう．

(6.10)　　導入確率はすでに導入している戸数に比例している．

これを式で表現すると，$\dfrac{N'(t)}{L-N(t)} = aN(t)$（$a$ は正の定数）となる．さらに，分母を払うと次の式が得られる．

$$N'(t) = aN(t)(L-N(t)).$$

これはまさしくロジスティック方程式である．したがって，普及の様子が成長曲線のようになるのは，上記の法則 (6.10) によるからだと考えられる．

全戸に対して宣伝の刺激が大きい場合は（章末の問題 6.4 参照），普及の様子が成長曲線のようにはならないことが，実際の観測からも知られている．さらに，上記のような考察が有効なのは地域全体に平均的に事態が進行する場合で，場所によって特質が違っていたり，何か流行のような現象で広まるようなときは単純には処理できない．もっと複雑な分析が必要である．

補足 6.1

ロジスティック方程式 (6.7) と初期条件 (6.8) をみたす解が

$$N(t) = \frac{LN_0}{(L-N_0)e^{-aLt}+N_0} \tag{6.11}$$

と表示できることを示そう．$0 < N_0 < L$ であるから，t のある区間で常に $0 < N(t) < L$ としてよい．以下では，t はこの範囲にあるとする．証明の基本となることは次の 3 点である．

$$\frac{1}{x(x-k)} = \frac{1}{k}\left(\frac{1}{x-k} - \frac{1}{x}\right) \tag{6.12}$$
（部分分数分解）

$$(\log x)' = \frac{1}{x} \tag{6.13}$$
（第 5 章の対数関数の微分を参照）

$$\frac{d}{dt}\bigl\{f(g(t))\bigr\} = f'(g(t))g'(t) \tag{6.14}$$
（第 2 章の合成関数の微分を参照）

方程式 (6.7) を変形して $\dfrac{1}{N(t)(L-N(t))}N'(t) = a$ となる．(6.12) を使って

$$\frac{1}{N(t)}N'(t) + \frac{1}{L-N(t)}N'(t) = aL$$

を得る．この両辺を積分すると（後述の第 8 章参照）

$$\int_0^s \frac{1}{N(t)}N'(t)dt + \int_0^s \frac{1}{L-N(t)}N'(t)dt = aLs$$

となる．(6.13)(6.14) より，$\dfrac{1}{N(t)}N'(t) = \dfrac{d}{dt}\bigl(\log N(t)\bigr)$ である．したがって，第 8 章の微分

積分の基本定理（定理 8.1）より，上式左辺の第 1 項の積分は $\log N(s) - \log N_0 = \log \dfrac{N(t)}{N_0}$ に等しい．ここで第 5 章の対数法則を使っている．同様にして第 2 項は $\log \dfrac{L - N_0}{L - N(t)}$ に等しい．以上のことから次の等式がなりたつことがわかる．

$$\log \frac{N(t)(L - N_0)}{N_0(L - N(t))} = aLt.$$

ゆえに $\dfrac{N(t)(L - N_0)}{N_0(L - N(t))} = e^{aLt}$ となる．これを変形すると，表示式 (6.11) が得られる．(6.7) (6.8) の解は唯一つであることが知られているので，解はここの表示のものが唯一である．

（証明終わり）

章末問題

問題 6.1　ある物体に放射性物質セシウム 137 が含まれているとする．この放射性物質の量が $\dfrac{1}{10}$ 以下になるのは最低何年必要か (整数値で求めよ)．セシウム 137 の半減期は 30 年とする．

問題 6.2　ある薬を服用したとし，時間 t 後における体内の薬の量を $u(t)$ とする．（新たな服用がなければ）$u(t)$ は放射性物質と同じ形の微分方程式をみたす（とする）．すなわち，第 1 節「(1) 放射性物質の崩壊」にある (6.1) と同じ法則が成立する．今，この薬を一定の流入率 a（単位時間あたりの流入量）で恒常的に体内に取り込むとする．このとき，$u(t)$ がみたす微分方程式を求めよ．さらに，$t \to \infty$ のとき薬の量はどうなるか．

問題 6.3　「例 6.3 新製品等の普及」において，法則 (6.10) のかわりに「導入確率は一定である」とすると，$N(t)$ はどんな微分方程式をみたすことになるか．また，その解の表示式が得られるときはそれを求めよ．

問題 6.4　$N(t)$ を次の微分方程式（「例 6.2 ロジスティック方程式の解（成長曲線）の表示」を参照）の解とする．

$$\begin{cases} N'(t) = a(L - N(t))N(t), \\ N(0) = N_0. \end{cases}$$

上式の初期値 N_0 $(< L)$ は与えられているとする．このとき，いくつかの時点で $N(t)$ の値を調べる（観測する）ことで L の値を知りたい．最低いくつの時点で調べなくてはならないか．

第 7 章

三角関数による現象表示

振動現象はいろいろなところでしばしばみられる．それは，何かが周期運動をしているという点で共通している．その運動を数式で表そうとしたとき，三角関数（$\cos x$ や $\sin x$ など）が有用であることが少なくない．この章では，振動現象の典型的な実例として，「バネにつり下げられたおもりの振動」と「振動現象を起こすある電気回路」を取り上げ，その現象を三角関数を使って表示してみる．

7.1　バネや電流の振動現象

この節では，「バネにつり下げられたおもりの振動」と「振動現象を起こすある電気回路」について，それらを表示する微分方程式を求めてみる．得られた方程式はどちらも同じ形になる．

例 7.1 バネの振動現象

右図のように，バネにおもりがぶら下げてあり，上下に振動しているとする．振動は微小なものであり，おもりの質量は m とする．今，鉛直下向きが $x > 0$ である座標軸（x-軸）をとる．時刻 t におけるおもりの位置を $x = u(t)$ とする．

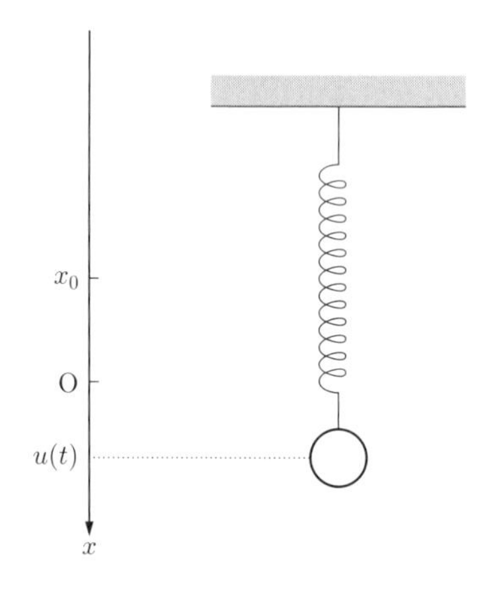

一般に，何かの現象を数量的に分析する場合，次のようなことが課題（テーマ）となる．

①観察事項の数量表示

(7.1)　→ ②支配法則の認識（設定）

→ ③数式による表現 → ④数学的な解析 → ⑤具体的な現象解析

今の場合，① は座標軸（x-軸）をとり，位置を x で表示することを意味する．時刻 t に応じて，x がどう変わるかを追跡すれば，考えている現象が数量的に分析できるだろうという発想である．

今回の現象を支配している法則は，次の 3 つであると考えられる．

ニュートンの第 2 運動法則

バネのフックの法則

重力の法則

ニュートンの**第 2 運動法則**は，しばしば $F = ma$ と書かれるものであり，

力の向きは加速度の向きに一致し，両者の大きさは比例する

というものである．このときの比例定数が質量 m である．ところで，加速度とは何だろうか．それは「単位時間あたりの速度の変化」（速度の微分）である．では，速度とは何かというと，単位時間あたりの位置の変化（変位）である．したがって，速度は $u'(t)$ であり，加速度は $u''(t)$（$u(t)$ の 2 階導関数）である．

おもりに働いている力として何があるかというと，バネからの力と重力があるだろう．空気抵抗もあるかもしれないが，今は無視することにする．バネからの力については，次の**フックの法則**がなりたっているものとする．

バネの力の大きさはノビに比例し，向きはノビの減る向きにある．

一般的なルールとして，力の向きは x-座標の正の向きと合わせる（$x > 0$ の向きを力の正の向きとする）ことになっている．したがって，バネの力 H は

$$H = -k(u(t) - x_0) \qquad (k \text{ は正の定数 })$$

ということになる．ここで，x_0 は，おもりをなくしたときの位置であり，$(u(t) - x_0)$ はちょうどバネのノビになる．また，k を**バネ定数**という．

重力は，地表に近い場所では，鉛直下向きで質量に比例する大きさで働く．つまり，重力を G で表すと

$$G = mg \quad (\text{比例定数 } g\ (> 0) \text{ は重力加速度とよばれる })$$

ということになる．

以上のことから，次の式が得られる．

$$H + G = mu''(t), \quad H + G = -k(u(t) - x_0) + mg. \tag{7.2}$$

ここで，$x = 0$ の位置を「おもりが静止しているときの位置」にとると，この式はもっと簡単になる．なぜなら，おもりが静止しているときは $u(t) = 0$ かつ $u''(t) = 0$ であるから，(7.2) より $0 = -k(0 - x_0) + mg$ でなければならない．したがって，$kx_0 + mg = 0$ が成立することになり，(7.2) は

$$mu''(t) = -ku(t) \tag{7.3}$$

となる．この式（微分方程式）が (7.1) でいう「③ 数式による表現」の部分になる．

さて，次はおもりの振動ということを少し忘れて，(7.3) をみたす $u(t)$ はどんなものか，あるいはどんな性質もっているか，数学的な解析を行うことになる．次節で詳しく説明するが，

この $u(t)$ はすべて三角関数で表されることがわかる．むしろ，そういうことに使いたいために（一般角に対する）三角関数を定義したといえる．そして，その $u(t)$ の表示式からいろいろなことがわかるのである．たとえば，おもりの質量を 2 倍にすれば周期はどう変わるかなどがわかる．

このように，数学的な解析（(7.1) の④）が進めば，現象に対して数量的な解析が可能となり，現象の推測やコントロール（(7.1) の⑤）ができることになる．

例 7.2 電流の振動現象

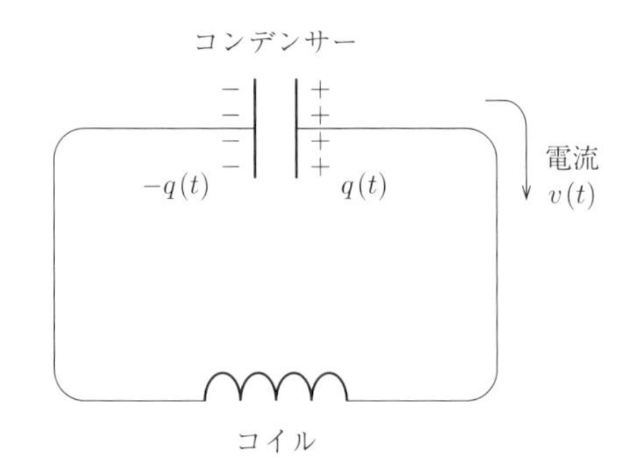

右図のように，完全な導体でコンデンサー（キャパシティー）とコイルが結ばれている電気回路があるとする．**コンデンサー**とは，2 枚の絶縁された（近接）金属面に電気を蓄えるようになっているものであり，その性質（支配法則）は次のようなものである．両方の面にちょうど符号が反対の電気が蓄えられており，

(7.4)　　　　蓄えられている電気量は両者の電圧に比例する．

ここで**電圧**（A からみた B の電圧 E_{AB}）は，単位電気量の荷電粒子が B から A に移動したときに得る仕事（エネルギー）で定められる．正の荷電粒子は電圧の低い方へ移動しようとする（$E_{\mathrm{AB}} > 0$ ならば B から A へ）．

また，**コイル**とは，絶縁された導線が渦巻き状に巻かれたもので，その性質（支配法則）は次のようなものである．

(7.5)　　　　コイルの両端の電圧はコイルを流れる電流の変化率に比例する．

上記の回路に流れる電流を $v(t)$ とし，コンデンサーに蓄えられている電気量を $q(t)$ とする．電流はコンデンサーに蓄えられている電気量が減る向きに流れるはずであり，その変化率が電流であるから，$v(t) = -q'(t)$ である．(7.4) でいう比例定数を C とすると，コンデンサーの両端の電圧は，$\dfrac{1}{C}q(t)$ となる．(7.5) でいう比例定数を $-L$ とすると，コイルの両端の電圧は $Lv'(t)$ である．また，コンデンサーとコイルは導線でつながっているので両者にかかっている電圧は等しいはずである．したがって，$\dfrac{1}{C}q(t) = Lv'(t)$ が成立する．両辺を微分して，$v(t) = -q'(t)$ を代入すると，

$$Lv''(t) = -\frac{1}{C}v(t)$$

を得る．

これは，例 7.1 にあるバネの振動現象 (7.3) と同じ形をしている．したがって，数学的にはこれらを区別する必要はない．また，振動現象という共通性が方程式の同一性ということで理解できるのである．

7.2 振動現象の表示

前節で出てきた微分方程式は次の形をしていた．

$$u''(t) + au(t) = 0 \quad (a \text{ は正定数 }). \tag{7.6}$$

例 7.1 では $a = \dfrac{k}{m}$ であり，例 7.2 では $a = \dfrac{1}{CL}$ である．結論をいうと，(7.6) の解はすべて三角関数を使って具体的に表示できる．その表示式から，考えている現象は，特定の周期をもつ振動現象であることがわかる．さらに，周期などの諸量が，おもりの質量やバネ定数などの諸定数とどのように結びついているのかも明確になる．本節ではこのようなことについて説明したい．

はじめに，方程式の「解の一意性」について触れたい．

解の一意性

$u(t)$ と $v(t)$ を (7.6) の解とする．このとき，

$$u(0) = v(0) \text{ かつ } u'(0) = v'(0) \quad \text{（初期値の一致）}$$

が成立するならば[1]，$u(t)$ と $v(t)$ は一致する．すなわち，すべての t において $u(t) = v(t)$ となる．

この「解の一意性」の証明は後述の第 9 章（(9.7) を参照）ですることにして今は認めることにする．

(7.6) において，しばらく $a = 1$ とする．このとき方程式は $u''(t) + u(t) = 0$ となる．実はこの方程式をみたす関数は第 4 章で登場していた．すなわち，第 4 章の $\sin x$ は $(\sin x)'' = (\cos x)' = -\sin x$ をみたすから，$\sin t$ はこの方程式の解である．$\cos t$ もそうである．$a \neq 1$ のときは

$$\sin\sqrt{a}t, \quad \cos\sqrt{a}t \tag{7.7}$$

が解である．このように一般的な表示になっていない特定の解のことを**特殊解**という．それに対して，どんな場合をも含んだ形で表示されている解を**一般解**と呼んでいる．これからやろうとすることは，(7.7) の関数を使って一般解をつくることである．

$u_1(t), u_2(t)$ を (7.6) の解とすると，任意の定数 c_1, c_2 に対して，$c_1u_1(t) + c_2u_2(t)$（これを**1 次結合**あるいは**線型結合**と呼ぶ）も解になる（証明は章末の問題 7.4 で読者に任せたい）．$u_1(t) = \cos\sqrt{a}t$ とおくと $u_1(0) = 1, u_1'(0) = 0$ となる．また，$u_2(t) = \dfrac{1}{\sqrt{a}}\sin\sqrt{a}t$ とすると $u_2(0) = 0, u_1'(0) = 1$ となる．したがって，c_1, c_2 を任意の定数として

$$u(t) = c_1u_1(t) + c_2u_2(t) \tag{7.8}$$

とおくと，これは (7.6) の解になり，しかも

$$u(0) = c_1, \quad u'(0) = c_2$$

[1] ここでは $t = 0$ のときの「初期値の一致」を考えたが，任意の $t = t_0$ における「初期値の一致」で同じことが成立する．

となる．ここで，任意の(7.6)の解 $v(t)$ に対して，c_1, c_2 を $c_1 = v(0), c_2 = v'(0)$ と選ぶと

$$u(0) = v(0) \text{ かつ } u'(0) = v'(0)$$

がなりたつ．「解の一意性」より，$u(t)$ と $v(t)$ は一致する．つまり，(7.8)は一般解である．

以上のことを定理としてまとめると次のようになる．

解の存在と表示

定理 7.1　方程式 $u''(t) + au(t) = 0$ の解は初期値 $u(0), u'(0)$ で一意に定まる．さらに，任意の定数 c_1, c_2 に対して，初期条件 $u(0) = c_1, u'(0) = c_2$ をみたす解 $u(t)$ が存在し，$u(t)$ は次のように書ける．

$$u(t) = c_1 \cos\sqrt{a}t + c_2 \frac{1}{\sqrt{a}} \sin\sqrt{a}t.$$

この定理から，(7.6)の解はすべて周期関数であり，周期は $\dfrac{2\pi}{\sqrt{a}}$ である．したがって，バネの振動のとき，たとえば「おもりが2倍になれば周期は $\sqrt{2}$ になる」などがわかる．

上述のように，方程式(7.6)については非常に詳細なことがわかる．そして，ある種の振動現象はこの方程式で表示されるということである．しかしながら，すべての振動現象がこの方程式に帰着できるわけではない．たとえば，振り子の振動現象は，$\sin\theta$ を θ で近似すれば同じ形にはなるが，違った方程式で表示される（章末の問題 7.2 を参照）．

章末問題

問題 7.1　第1節の例 7.1 において，空気抵抗を考慮に入れる．空気抵抗の大きさはおもりの速さに比例する（比例定数は b）とすると，方程式(7.3)は次のように変わる．このことを示せ．

$$mu''(t) + bu'(t) + ku(t) = 0.$$

問題 7.2　微小な振動をしている振り子を考える．振動は支点Oを通る一平面内で起こっているとする．支点からおもりまでの距離は r とし，時刻 t における鉛直からの振れる角度（一般角）を $\theta(t)$ する．おもりの質量を m としたとき，これに働く重力の大きさは mg である．空気抵抗などを無視すると，$\theta(t)$ に関する微分方程式は $\theta''(t) = -\dfrac{g}{r}\sin\theta(t)$ となる．このことを示せ．

問題 7.3　第1節にある(7.1)①〜⑤について，各内容が具体的にどういうことをすることか，前問の「振り子」を例にして説明せよ（自分の考えでよい）．

問題 7.4　$u_1(t), u_2(t)$ を $u''(t) + au(t) = 0$ の解とすると，任意の定数 c_1, c_2 に対して，$c_1u_1(t) + c_2u_2(t)$ も解になることを示せ．

第 8 章

積分の定義と基本事項

この章ではある物理現象を例にとりながら（定）積分のイメージを説明するとともに，積分の数学的な定義および基本性質について説明したい．積分は微分の逆演算として定義されることもあるが，ここでは区分求積法と呼ばれるやり方で定義する．これはリーマン積分とも呼ばれる．この定義を採用したのは，その方が積分が実際に使われるときのイメージをよく反映しているからである．

8.1　気体の膨張による仕事

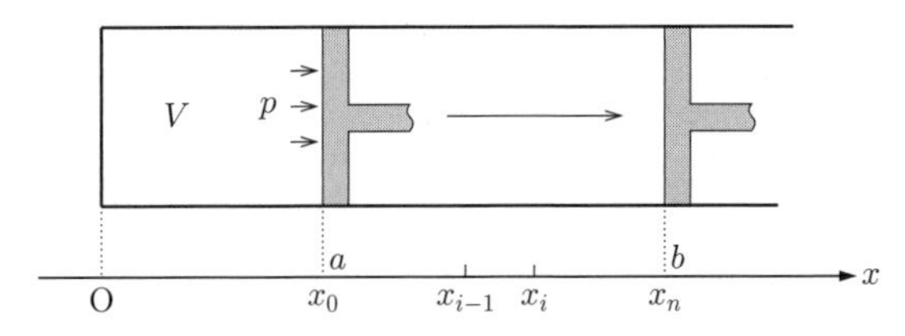

上図のように，シリンダーに何か気体が閉じ込められており，外部は真空だとする．このとき，気体の圧力 p は，温度が一定であれば，体積 V に反比例する．すなわち，

$$p = k\frac{1}{V} \tag{8.1}$$

という関係がみたされる（ボイルの法則）．正確には，これは気体に対する一種の仮定である．今，ピストンの位置が $x = a$ から $x = b$ に変わったとする（図参照）．このとき，気体の圧力による（外部への）「仕事」はいくらになるかを考えてみよう．

この「**仕事**」と呼ばれる物理量は，一定の力 F で距離 l だけ移動した場合には

$$Fl \tag{8.2}$$

で定義されるものである．この移動で何か別のエネルギー（たとえば熱）が発生したとすると発生量は Fl に比例する．というより，このようなことがあるので仕事という物理量 Fl に注目したのである．

さて，上記のピストンの移動では刻々と圧力が変化していく．したがって，この場合の「仕事」に相当する量は，(8.2) にある Fl というように単純に書くわけにはいかない．そこで，ピストンの移動を微小な部分に分割し，各部分では圧力は一定だとしてそのときの「仕事」を

(8.2) と同じに定め，これらの総和を全体の「仕事」とすればいいだろう．このことを数学的にきちんと実行してみよう．

x をピストンの位置を表す座標とする（上図参照）．x の区間 $[a,b]$ を n 等分し，その分点を $\{x_i\}_{i=0,1,\ldots,n}$ $(a = x_0, b = x_n)$ とする．さらに，ピストンの位置が x のときピストンに働く力を $f(x)$ とすると，(8.1) より

$$f(x) = pH = \left(k\frac{1}{Hx}\right)H = k\frac{1}{x} \quad (H \text{ はシリンダーの断面積})$$

となる．そして，この力は各小区間 $[x_{i-1}, x_i]$ において一定で，$f(c_i)$ $(c_i \in [x_{i-1}, x_i])$ であるとする．各小区間における仕事は，力は一定としているので $f(c_i)(x_i - x_{i-1})$ となる．これらの総和は

$$\sum_{i=1}^{n} f(c_i)(x_i - x_{i-1}) \tag{8.3}$$

である．これは区間が微小なほど（つまり n が大きくなればなるほど）望ましい値になると考えられる．したがって，結局，極限値

$$\lim_{n\to\infty} \sum_{i=1}^{n} f(c_i)(x_i - x_{i-1}) \tag{8.4}$$

を，ピストンが $x = a$ から $x = b$ まで移動したときの「仕事」と定義すればいいだろうということになる．また，これは関数 $f(x)$ のグラフと x-軸で囲まれた（$a \leq x \leq b$ の）部分の面積でもあることに注意しよう（右図参照）．

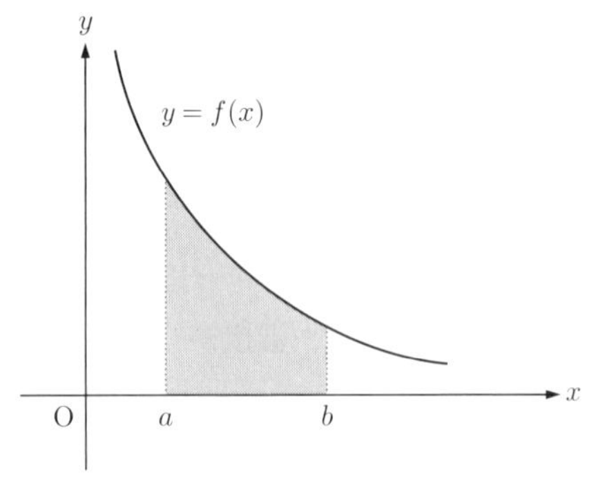

上述の「仕事」の定義のように，何かの量を定義するとき，微小部分に分割し，各部分を単純なもの（定義が明確なもの）で近似し，それらの和（の極限値）を考えることがよくある．このような場合，しばしば (8.4) のような極限値が登場してくる．この例をもう 1 つあげておこう．

何か曲線があり，その長さを定義することを考えてみる．この曲線上にいくつかの点 $\mathrm{P}_0, \mathrm{P}_1, \ldots, \mathrm{P}_n$ を順番にとり（P_0 と P_n は両端になるようにする），これらの点を順々につないだ折れ線で曲線を近似する．$\mathrm{P}_0, \mathrm{P}_1, \ldots, \mathrm{P}_n$ を細かくしていったとき，「線分 $\mathrm{P}_{i-1}\mathrm{P}_i$ の長さの和」の極限値を「曲線の長さ」と定義すればいいだろうと思える（右図参照）．

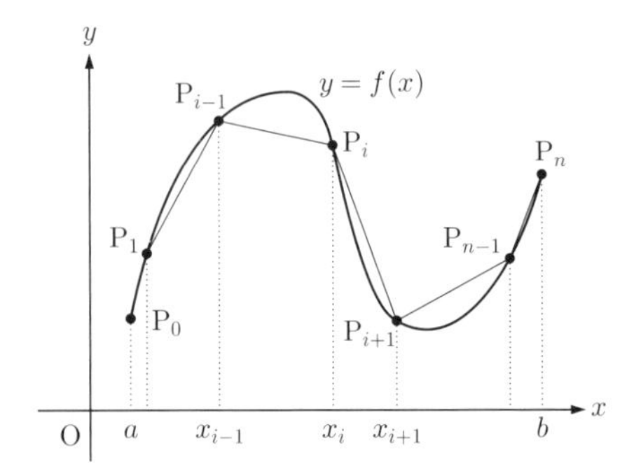

もう少し具体的に，関数 $f(x)$ のグラフについて $a \leq x \leq b$ の部分の長さ L を例にとって説明しよう．$\{x_i\}_{i=0,1,\ldots,n}$ は $[a,b]$ の n 等分点とし，P_i の座標を $(x_i, f(x_i))$ とすると $\mathrm{P}_{i-1}\mathrm{P}_i = \sqrt{(x_i - x_{i-1})^2 + (f(x_i) - f(x_{i-1}))^2}$ となる．後述の第 11 章にある平均値定理（定理 11.1）を認めると，$f(x_i) - f(x_{i-1}) = f'(c_i)(x_i - x_{i-1})$ となる c_i が $[x_{i-1}, x_i]$ に存在する．したがって，$\mathrm{P}_{i-1}\mathrm{P}_i = (x_i - x_{i-1})\sqrt{1 + f'(c_i)^2}$ となる．ゆえに，

$$L = \lim_{n\to\infty} \sum_{i=1}^{n} \sqrt{1 + f'(c_i)^2}(x_i - x_{i-1})$$

と定義すればいいだろうということになる．この右辺は (8.4) と同じ形をしている．

8.2 積分の定義と基本性質

前節の話のように，区間 $[a,b]$ 内に分点 $\{x_i\}_{i=0,1,\ldots,n}$ $(a = x_0 < x_1 < \ldots < x_n = b)$ をとり，関数 $f(x)$ に対して極限値

$$\lim_{n\to\infty} \sum_{i=1}^{n} f(c_i)(x_i - x_{i-1}) \qquad (c_i \in [x_{i-1}, x_i]) \tag{8.5}$$

を考えるということはいろいろな場面で起こる．そこで，一般に関数 $f(x)$ に対して (8.5) の極限値に市民権を与え，これを，「$[a,b]$ における $f(x)$ の**積分**（あるいは**定積分**[1]）」とよび，記号で

$$\int_a^b f(x)dx$$

と書くことにする．この記号は，(8.5) において，lim を外し，$\sum$ を S で[2]，$f(c_i)(x_i - x_{i-1})$ を $f(x)dx$ で置き換えたような形をしており，非常にうまい記号である[3]．今後，(8.5) において分点 $\{x_i\}_{i=0,1,\ldots,n}$ の取り方は，n 等分点でないものもゆるすことにする．ただし，$n \to \infty$ のとき $(x_i - x_{i-1})$ の最大値は 0 に収束しているものとする．

積分 $\displaystyle\int_a^b f(x)dx$ を定義するとき，$a < b$ としていたが，今後次の約束のもとで，a, b の大小関係によらず，記号 $\displaystyle\int_a^b f(x)dx$ を使うことにする．

$$b < a \text{ のとき} \quad \int_a^b f(x)dx = -\int_b^a f(x)dx,$$

$$b = a \text{ のとき} \quad \int_a^b f(x)dx = 0.$$

$f(x) = x$ のとき，$\displaystyle\int_0^1 f(x)dx$ の値をこの定義にしたがって求めてみよう．このときは，

---

[1] リーマン積分とも呼ばれる．

[2] 和は英語では sum で表され，$\sum$ はギリシャ文字の S であることに注意せよ．

[3] ライプニッツの発案である．

$\{x_i\}_{i=0,1,\ldots,n}$ を n 等分点にとると，$x_i = \dfrac{i}{n}$，$f(x_i) = \dfrac{i}{n}$ である．また，$c_i = x_i$ とする．

$$\int_0^1 f(x)dx = \lim_{n\to\infty}\sum_{i=1}^{n} f(c_i)(x_i - x_{i-1}) = \lim_{n\to\infty}\sum_{i=1}^{n} \frac{i}{n}\,\frac{1}{n}$$

$$= \lim_{n\to\infty}\frac{1}{n^2}\sum_{i=1}^{n} i = \lim_{n\to\infty}\frac{1}{n^2}\frac{n(n+1)}{2} = \frac{1}{2}.$$

この積分は，右図のように，三角形の面積になっているはずである．その面積は図から $\dfrac{1}{2}$ であり，上記の計算値は確かにこれと一致している．

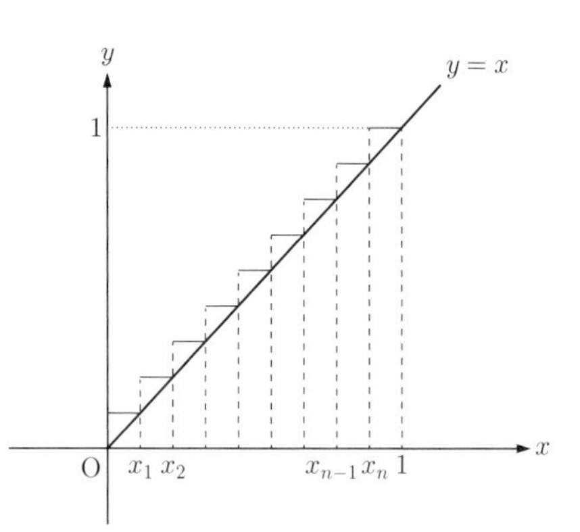

今やったように，一般の関数 $f(x)$ に対して直接 $\displaystyle\int_a^b f(x)dx$ の値を求めることができるのはむしろ珍しい．多くの場合は，以下の定理 8.1 を利用して具体的な値を求める．

しかし，もっと根本的な問題として，そもそも (8.5) の極限値はいつでも存在するのかということがある．実は，$f(x)$ が $[a,b]$ で連続な関数であればこの極限値の存在は厳密に証明できる．しかも，c_i を区間 $[x_{i-1}, x_i]$ のどこにとっても極限値は同じ値になるのである．このことは補章で取り上げるが（定理 18.6 を参照），かなりこみいった議論が必要になる．今は極限値 (8.5) は存在するものとして話を進めたい．

積分の基礎的な性質として，「和をとる」および「定数倍する」という操作と「積分する」という操作は入れ替え可能であること（線型性）がある．

積分の線型性

(I)　$\displaystyle\int_a^b (f(x)+g(x))dx = \int_a^b f(x)dx + \int_a^b g(x)dx.$

(II)　$\displaystyle\int_a^b cf(x)dx = c\int_a^b f(x)dx.$

これらは積分に関わる計算を具体的に行うときなどによく使われる．後で触れる多項式の積分の計算においても使う．(I)(II) の証明は読者に任せたい．

また，積分が含まれる式を変形するとき，次の公式がよく使われる．

(III)　$[a,b]$ で常に $f(x) \le g(x)$ ならば $\displaystyle\int_a^b f(x)dx \le \int_a^b g(x)dx$ [4].

(IV)　$\displaystyle\int_a^c f(x)dx = \int_a^b f(x)dx + \int_b^c f(x)dx.$

[4] 等号は常に $f(x) = g(x)$ のときのみに成立．

(IV) は a, b, c の大小関係にかかわらずなりたつ．(III)(IV) の証明は章末の問題 8.2, 8.3 で読者に任せたい．

積分の最も重要な性質は，積分がある意味で微分の逆演算となっていることである．これは「微分積分の基本定理」と呼ばれている．これまでいくつかの章で現象の法則を数式（微分方程式）で表示することをやったが，その微分方程式からすぐ現象の具体像がわかるわけではない．微分方程式の形に応じてさまざまな工夫が必要になるのである．「微分積分の基本定理」はこのときの基礎となるものである．

微分積分の基本定理

定理 8.1

$$\int_a^b f'(x)dx = f(b) - f(a). \tag{8.6}$$

これは，「関数の微分（導関数）$f'(x)$ から $f(x)$ が再現できる」ことを意味している（論理上そうであるといっているだけで，$f(x)$ が具体的に求まるかは別である）．実際，(8.6) において b を変数だと思って t に置き換えると $f(t) = \displaystyle\int_a^t f'(x)dx + f(a)$ が得られる．つまり，$x = a$ における関数の値 $f(a)$ と $f'(x)$ から，$f(t)$ が再現できるということである．

定理 8.1 の証明　$a < b$ のときを示せれば $a \geq b$ のときは明らかなので，$a < b$ を仮定する．x_i, c_i を (8.5) にあるものと同じものとすると，積分の定義から，$n \to \infty$ のとき $\left|\displaystyle\int_a^b f'(x)dx - \sum_{i=1}^n f'(c_i)(x_i - x_{i-1})\right| \to 0$ である．したがって，任意の $\varepsilon > 0$ に対して（つまり，ε がどんなに小さい正数であっても），それに応じて n を十分大きく取れば

$$\left|\int_a^b f'(x)dx - \sum_{i=1}^n f'(c_i)(x_i - x_{i-1})\right| < \varepsilon$$

となる．これは，$x_{i-1} \leq c_i \leq x_i$ であれば c_i の取り方によらず成り立つ．一方，後述の第 11 章にある平均値定理（定理 11.1）を使うと

$$f(x_i) - f(x_{i-1}) = f'(\tilde{c}_i)(x_i - x_{i-1})$$

となる $\tilde{c}_i$ が少なくとも 1 つ $[x_{i-1}, x_i]$ に存在する．この $\tilde{c}_i$ を上記の c_i にとれば

$$\left|\int_a^b f'(x)dx - \sum_{n=1}^n \big(f(x_i) - f(x_{i-1})\big)\right| < \varepsilon$$

が得られる．$\displaystyle\sum_{n=1}^n \big(f(x_i) - f(x_{i-1})\big) = f(b) - f(a)$ であるから，ε をどんなに小さくとっても

$$\left|\int_a^b f'(x)dx - \big(f(b) - f(a)\big)\right| < \varepsilon$$

でなければならない．これは，$\int_a^b f'(x)dx - \bigl(f(b) - f(a)\bigr) = 0$ を意味する．よって定理 8.1 の (8.6) がなりたつ．

（証明終わり）

定理 8.1 を使うといろいろな関数について積分が具体的に計算できる．いくつか例をあげよう．$\left(\frac{1}{n+1}\, x^{n+1}\right)' = x^n$ なので次の公式が得られる．

$$\int_a^b x^n dx = \frac{1}{n+1}\left[x^{n+1}\right]_a^b = \frac{1}{n+1}\left(b^{n+1} - a^{n+1}\right). \tag{8.7}$$

上式において $[\ ]_a^b$ は

$$\left[f(x)\right]_a^b = f(b) - f(a)$$

を表す記号である．(8.7) より，一般の多項式 $a_n x^n + a_{n-1}x^{n-1} + \ldots + a_1 x + a_0 \left(= \sum_{i=0}^{n} a_i x^i\right)$ の積分が求まる．

$$\int_a^b \left(\sum_{i=0}^{n} a_i x^i\right) dx = \sum_{i=0}^{n} a_i \int_a^b x^i dx = \sum_{i=0}^{n} \frac{a_i}{i+1}\left(b^{i+1} - a^{i+1}\right).$$

ここで，上で述べた「積分の線型性」の公式 (I)(II) を使っていることに注意しよう．

前節で「仕事」の量を求めるには，結局，積分 $\int_a^b \frac{1}{x}dx\ (0 < a < b)$ を求める必要があった．第 5 章の例 5.2 にあるように，$(\log x)' = \frac{1}{x}$ であるので，定理 8.1 より，

$$\int_a^b \frac{1}{x}\, dx = \log b - \log a \qquad (0 < a < b)$$

となる．

定理 8.1 は，「$g(x) = G'(x)$ となるような関数 $G(x)$ がみつかれば，$\int_a^b g(x)dx$ が求まる」ことをいっている．つまり

$$\int_a^b g(x)dx = G(b) - G(a). \tag{8.8}$$

$g(x) = G'(x)$ となるような関数 $G(x)$ を，$g(x)$ の**原始関数**と呼ぶ．(8.8) において，$G(b) - G(a)$ の値は原始関数 $G(x)$ の取り方によらず一定になることに注意しよう（証明は，章末の問題 8.4 で読者に任せたい）．

さらに，$f(x)$ の原始関数の全体を

$$\int f(x)dx$$

という記号で表し，**不定積分**と呼ぶ．不定積分に属する関数には定数のずれ（**積分定数**）が見込まれる．つまり，定まらない定数を含んでいる．したがって，

$$\int x^n dx = \frac{1}{n+1}\, x^{n+1} + c \qquad (c\ は任意定数)$$

というような表し方をする．

章末問題

問題 8.1　半径 r の球の体積は $\frac{4}{3}\pi r^3$ である．このことを次のようにして確かめよ．球の中心を原点とする座標（x-軸）をとる．x-軸の線分 $[-r, r]$ 上に n 等分点 $\{x_i\}_{i=0,\dots,n}$ $(-r = x_0 < x_1 < \cdots < x_n = r)$ をとる．各 x_i について，点 x_i を通り，x-軸に垂直な平面で球を切る．この切断面（円板）を底面とし，高さが $x_{i+1} - x_i$ になっている円柱を考え（この体積 V_i をとする），これらの和で球を近似する．$\displaystyle\lim_{n\to\infty}\sum_{i=1}^{n-1} V_i$ は球の体積だと考えられる．$\displaystyle\lim_{n\to\infty}\sum_{i=1}^{n-1} V_i = \frac{4}{3}\pi r^3$ となることを示せ．

問題 8.2　$[a, b]$ で常に $f(x) \leq g(x)$ ならば，$\displaystyle\int_a^b f(x)dx \leq \int_a^b g(x)dx$ が成立することを示せ．

問題 8.3　$a < b < c$ とする．このとき，$\displaystyle\int_a^c f(x)dx = \int_a^b f(x)dx + \int_b^c f(x)dx$ が成立することを示せ（ヒント　積分 $\displaystyle\int_a^c f(x)dx$ の定義において，$[a, c]$ 上の分点 $\{x_i\}_{i=0,1,\dots,n}$ を取るとき，$\{x_i\}_{i=0,1,\dots,m}$ $(x_m = b, m < n)$ を $\displaystyle\int_a^b f(x)dx$ のためのものおよび $\{x_i\}_{i=m,m+1,\dots,n}$ を $\displaystyle\int_b^c f(x)dx$ のためのものと共用するように選べ）．さらに，この等式が a, b, c の大小関係にかかわらずなりたつことを示せ．

問題 8.4

(1) 1 つの関数 $f(x)$ に対して，もし原始関数があるとすれば無数にあることを示せ．

(2) $F_1(x)$，$F_2(x)$ を $f(x)$ の原始関数とすると，$\big[F_1(x)\big]_a^b = \big[F_2(x)\big]_a^b$ となることを示せ（ヒント　「区間 (a, b) で $f'(x) = 0$ ならば，$f(x)$ は (a, b) で一定である」こと（第 11 章の (11.4)）を使え）．

第 9 章

部分積分とその利用

この章では，積分の重要な公式である部分積分を話題にしたい．部分積分とは，「積の微分」の公式（10 ページ参照）を積分したものである．これが積分を具体的に計算するときや定理を証明するときなどに役に立つのである．これらの実例をいくつか取り上げたい．

9.1　部分積分と積分の計算

部分積分とは次の定理にある等式のことである．

部分積分

定理 9.1

(9.1)
$$\int_a^b f'(x)g(x)dx = -\int_a^b f(x)g'(x)dx + \big[f(x)g(x)\big]_a^b$$

証明　第 2 章の「積の微分」の公式（10 ページ参照）より

$$\big(f(x)g(x)\big)' = f'(x)g(x) + f(x)g'(x)$$

である．両辺を積分すると，第 8 章の微分積分の基本定理（定理 8.1）より，

$$\big[f(x)g(x)\big]_a^b = \int_a^b f'(x)g(x)dx + \int_a^b f(x)g'(x)dx$$

が成立する．したがって定理 9.1 が得られる．

（証明終わり）

部分積分は（定）積分の計算によく使われる．積分 $\displaystyle\int_a^b f(x)dx$ の計算には，$F'(x) = f(x)$ となる関数 $F(x)$（原始関数）をみつけることがまず考えることであるが，次の例のように，原始関数がすぐにはわからないことも少なくない．このような場合に部分積分が有効なことがある．

例 9.1

$f(x) = xe^x$ の原始関数はすぐにはわからない．この計算は，次のように部分積分を使えば容易に実行できる．$(e^x)' = e^x$ であることに注意すると，

$$\int_a^b xe^x dx = -\int_a^b x'e^x dx + \big[xe^x\big]_a^b = -\big[e^x\big]_a^b + \big[xe^x\big]_a^b$$

が得られる．実は，結果的には $(-1+x)e^x$ が xe^x の原始関数であったということである．

この例のように，$\int_a^b f(x)dx$ を求めるとき，任意の b に対して $\int_a^b f(x)dx = F(b) - F(a)$ となるような関数 $F(x)$ をみつけようとしている場合が多い．ここで，そういう $F(x)$ は $F'(x) = f(x)$ をみたす（つまり，$F(x)$ は $f(x)$ の原始関数）と思いがちであるが，実はこれは保証されてはいない．前章の微分積分の基本定理（定理 8.1）は，$F'(x) = f(x)$ であれば $\int_a^b f(x)dx = F(b) - F(a)$ であるといっているにすぎないのである．したがって，厳密な話をすれば，各 t に対して

$$F(t) = \int_a^t f(x)dx \text{ としたとき，} F'(t) = f(t) \text{ となる} \tag{9.2}$$

ことは証明しなくてはならないことなのである．実は，$f(x)$ が連続関数であれば (9.2) は保証されるのであるが，証明はあまり簡単ではない．証明については第 11 章の補足 11.1 をみていただくことにして，ここでは (9.2) を認めることにする．

例 9.1 でやったことは，xe^x の原始関数を求めようとしていたともいえる．つまり，不定積分の記号使えば $\int xe^x dx = (-1+x)e^x + c$（$c$ は任意定数）ということである．このように，不定積分に注目して，定理 9.1 を不定積分の公式にした次のものもよく使われる．

$$\int f'(x)g(x)dx = -\int f(x)g'(x)dx + f(x)g(x). \tag{9.3}$$

上の等式には任意定数（積分定数）が含まれていると思っておかなくてはいけない．この形の公式を使う例をあげておこう．

例 9.2

次のとおり，$\log x$ の原始関数を求めることができる（積分定数は省略）．

$$\int \log x\, dx = \int (x') \log x\, dx = x \log x - \int x(\log x)' dx = x\log x - x.$$

次に，部分積分をたくみに使った計算例をあげる．

例 9.3

積分 $\int_0^\pi \sin^{2n} x\ dx$ $(n = 1, 2, 3, \cdots)$ の値は次のようにすれば求められる．この積分は（$2n+1$ 次元の）球の体積を求めるときに現れる．定理 9.1 を使って

$$\int_0^\pi \sin^{2n} x\ dx = \int_0^\pi (-\cos x)' \sin^{2n-1} x\ dx$$
$$= \int_0^\pi \cos x\ (2n-1)\sin^{2n-2} x \cos x\, dx = (2n-1)\int_0^\pi \cos^2 x \sin^{2n-2} x\ dx$$

となる．$\cos^2 x = 1 - \sin^2 x$ であるから，結局 $\int_0^\pi \sin^{2n} x\ dx = (2n-1)\int_0^\pi \sin^{2n-2} x\ dx -$

$(2n-1)\int_0^\pi \sin^{2n} x\ dx$ が成立する．この等式より

$$\int_0^\pi \sin^{2n} x\ dx = \frac{2n-1}{2n}\int_0^\pi \sin^{2n-2} x\ dx$$

が得られる．$\int_0^\pi \sin^{2n-2} x\ dx$ に対して同様の計算をすると（$n \geq 4$ のとき），$\int_0^\pi \sin^{2n} x\ dx = \left(\frac{2n-1}{2n}\right)\left(\frac{2n-3}{2n-2}\right)\int_0^\pi \sin^{2n-4} x\ dx$ となる．以下このような計算を繰り返していくと

$$\int_0^\pi \sin^{2n} x\ dx = \left(\frac{2n-1}{2n}\right)\left(\frac{2n-3}{2n-2}\right)\cdots\left(\frac{1}{2}\right)\int_0^\pi 1\ dx = \left(\frac{2n-1}{2n}\right)\left(\frac{2n-3}{2n-2}\right)\cdots\left(\frac{1}{2}\right)\pi$$

となる．

9.2　振動エネルギーの保存

第 7 章でおもりをつり下げたバネの振動について考えた（右図参照）．静止位置からのおもりの変位を $x = u(t)$（t は時間）とすると，$u(t)$ は微分方程式

(9.4)　　$mu''(t) + ku(t) = 0$

をみたす（例 7.1 を参照）．ここで，m はおもりの質量，k はバネ定数（変位の単位長さあたりのバネの力）である．

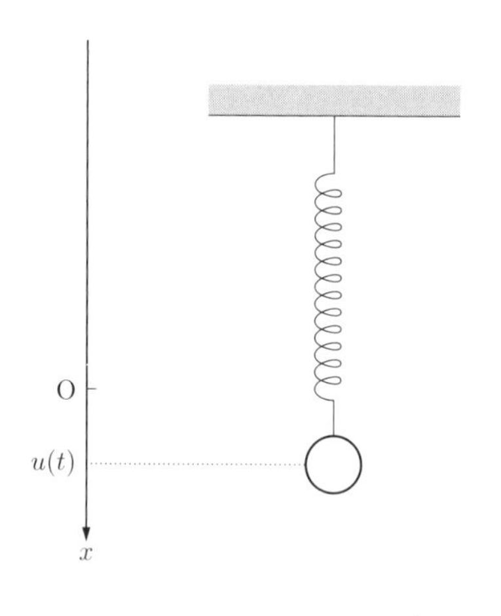

おもりの位置が $x = y$ から $x = 0$ に変わることにより，$\int_0^y kxdx = \frac{1}{2}ky^2$ だけエネルギー（バネと重力の合力による仕事）が放出される．つまり，（変位 x に対する）位置エネルギーが $\frac{1}{2}kx^2$ であるということである．このエネルギーは運動エネルギーに変換される．おもりの速度が v であれば運動エネルギーは $\frac{1}{2}mv^2$ である．今空気抵抗などはないとしているので，位置エネルギーはすべて運動エネルギーに変換されているはずである．したがって，これらの和は t について一定になるだろう．この和

(9.5)　　$$E(t) = \frac{1}{2}ku(t)^2 + \frac{1}{2}mu'(t)^2$$

を，t における $u(t)$ の **（振動）エネルギー**と呼ぶことにする．

エネルギー保存則

定理 9.2　$u(t)$ を (9.4) の（任意の）解とする．このとき，エネルギー $E(t)$ は t に関して一定になる．

証明 $u(t)$ が (9.4) をみたしていれば次の等式がなりたつ．

$$\int_0^T (mu''(t)+ku(t))u'(t)dt = 0. \tag{9.6}$$

部分積分（定理 9.1）より $\int_0^T u''(t)u'(t)dt = -\int_0^T u'(t)u''(t)dt + \big[u'(t)^2\big]_0^T$，
$\int_0^T u'(t)u(t)dt = -\int_0^T u(t)u'(t)dt + \big[u(t)^2\big]_0^T$ が成立する．よって，(9.6) と (9.4) を使って

$$\begin{aligned}
0 &= -\int_0^T mu'(t)u''(t)dt + \big[mu'(t)^2\big]_0^T - \int_0^T ku(t)u'(t)dt + \big[ku(t)^2\big]_0^T \\
&= -\int_0^T u'(t)\big(mu''(t)dt + ku(t)\big)dt + \big[mu'(t)^2 + ku(t)^2\big]_0^T \\
&= \big(ku(T)^2 + mu'(T)^2\big) - \big(ku(0)^2 + mu'(0)^2\big)
\end{aligned}$$

が得られる．これは，「T が何であっても，$2E(T)$ は $2E(0)$ に等しい」ことを意味している．よって $E(t)$ は t に対して一定である．

（証明終わり）

定理 9.2 より，第 7 章第 2 節で認めることにした次の「解の一意性」を導くことができる．

(9.7) (9.4) の解 $u(t), v(t)$ が $u(0) = v(0)$ および $u'(0) = v'(0)$ をみたすならば，
$u(t)$ と $v(t)$ は一致する．

実際，$u(t) - v(t)$ は方程式 (9.4) をみたしており $u(0) - v(0) = 0$ および $u'(0) - v'(0) = 0$ がなりたつので，定理 9.2 より，任意の T に対して $k(u(T) - v(T))^2 + m(u'(T) - v'(T))^2 = 0$ である．したがって，常に $u(T) - v(T) = 0$ となり (9.7) が得られる．

バネの振動方程式 (9.4) は，空気抵抗がないものとして導いたものである．空気抵抗を考慮に入れると，次のようになる（第 7 章の章末の問題 7.1 を参照）．

$$mu''(t) + bu'(t) + ku(t) = 0 \quad (b \text{ は正の定数 }). \tag{9.8}$$

空気抵抗があれば，時間とともにエネルギーは減少していくと思われる．つまり，$u(t)$ が (9.8) をみたすならば，

$$t_0 < t_1 \text{のとき，常に } E(t_0) > E(t_1) \tag{9.9}$$

となると思える．このことは，次のようにすれば確かめられる．

定理 9.2 の証明のときと同様にして

$$\begin{aligned}
&\int_{t_0}^{t_1} \big(mu''(t)dt + vu'(t) + ku(t)\big)u'(t)dt \\
&= -\int_{t_0}^{t_1} u'(t)\big(mu''(t) + vu'(t) + ku(t)\big)dt + 2v\int_{t_0}^{t_1} u'(t)^2dt + m\big[u'(t)^2\big]_{t_0}^{t_1} + k\big[u(t)^2\big]_{t_0}^{t_1}
\end{aligned}$$

が得られる．$u(t)$ が (9.8) をみたしているならば，

$$0 = 2v\int_{t_0}^{t_1} u'(t)^2 dt + 2E(t_1) - 2E(t_0) \tag{9.10}$$

となる．おもりは動いているとしていいから，$u'(t)$ が $[t_0, t_1]$ で恒等的に 0 になることはない．よって $\displaystyle\int_{t_0}^{t_1} u'(t)^2 dt > 0$ である．したがって，

$$2E(t_0) = 2v\int_{t_0}^{t_1} u'(t)^2 dt + 2E(t_1) > 2E(t_1)$$

である．ゆえに (9.9) が得られる．

章末問題

問題 9.1　次の積分を求めよ．

(1) $\displaystyle\int_0^1 x^3 e^x dx$　　　(2) $\displaystyle\int x\sin x dx$

問題 9.2　$\displaystyle\int_1^2 x^\alpha \log x\ dx$ の値を求めよ．

問題 9.3　$\displaystyle\int_0^\pi \sin^{2n-1} x\ dx$ （n は正の整数）の値を求めよ．

問題 9.4　空気抵抗を考慮に入れたバネの振動方程式 $mu''(t) + bu'(t) + ku(t) = 0$ について，解の一意性がなりたつことを示せ．すなわち，この微分方程式の解 $u_1(t), u_2(t)$ が，$u_1(0) = u_2(0), u_1'(0) = u_2'(0)$ をみたすならば，すべての t に対して $u_1(t) = u_2(t)$ となることを示せ．

第 10 章

置換積分とその利用

本章では置換積分に関係する話題を取り上げたい．置換積分は，積分の変数を変換したときの公式である．この公式が有用となる現象の実例とともに，さまざまな計算例を説明する．

10.1　帯電線からの電場

はじめに，電気に関するある基本的なことを話しておきたい．金属か何かが電気を帯びていることを帯電といい，帯電の量を**電気量**という．帯電には正の場合と負の場合がある（つまり電気量には符号がある）．帯電した粒子状のものを電荷という．電気量が同符号の 2 つの電荷は反発し合い，異符号の場合は引き合う．このときの法則として，次の**クーロンの法則**が知られている．2 点 A,B にそれぞれ電気量 $q_{\mathrm{A}}, q_{\mathrm{B}}$ の電荷があるとして，A の電荷が B の電荷から受ける力を $\boldsymbol{F}_{\mathrm{A}}$ とすると（図 1 参照）

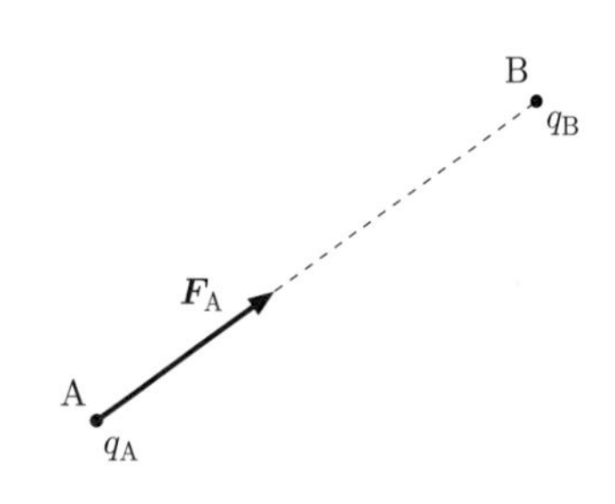

図 1　$q_{\mathrm{A}}q_{\mathrm{B}} < 0$ のとき

(10.1)　$\boldsymbol{F}_{\mathrm{A}}$ の向きは，$q_{\mathrm{A}}q_{\mathrm{B}} > 0$ のとき $\overrightarrow{\mathrm{BA}}$ の向きで，$q_{\mathrm{A}}q_{\mathrm{B}} < 0$ のときは $\overrightarrow{\mathrm{AB}}$ の向きであり，大きさは AB 間の距離の逆 2 乗に比例している（比例定数は c とする）

が成立する

今，図 2 のように直線（x-軸）が一様に帯電しているとする．その電荷密度（単位長さあたりの電気量）は $k\ (> 0)$ であるとする．このとき，上記のクーロンの法則がなりたっているとして，x-軸から距離 h にある単位電荷 P（単位電気量の電荷）が受ける力を求めてみよう．

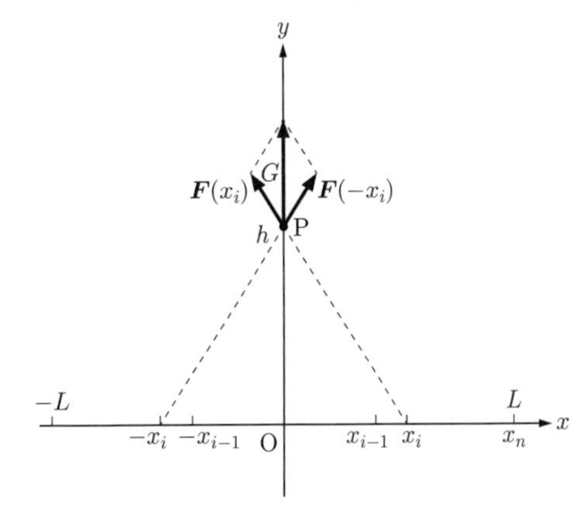

図 2

y-軸上に P があるように y-軸が取ってあるとする．x-軸 $[0, L]$ の部分を n 等分し，各分

点を $0 = x_0, x_1, \ldots, x_n = L$ とする．$[x_{i-1}, x_i]$ にある電気量 $q(x_i)$ は

$$q(x_i) = k(x_i - x_{i-1})$$

である．$q(x_i)$ が $x = x_i$ に集中しているとして，P が $[x_{i-1}, x_i]$ の部分から受ける力 $\boldsymbol{F}(x_i)$ は，クーロンの法則より，図2のようになる．同様に，x-軸 $[-L, 0]$ の部分を n 等分すると，各分点は $0 = -x_0, -x_1, \ldots, -x_n = -L$ となり，P が $[-x_i, -x_{i-1}]$ の部分から受ける力 $\boldsymbol{F}(-x_i)$ は上図のようになる．

$\boldsymbol{F}(x_i) + \boldsymbol{F}(-x_i)$ は常に x-軸に垂直である．さらに，その大きさ $G(x_i)$ は

$$G(x_i) = 2ckh\ (x_i^2 + h^2)^{-3/2}(x_i - x_{i-1})$$

となる（詳しくは章末の問題 10.1 を参照）．

ゆえに，$[-L, L]$ から受ける力は，y-軸と同じ向きで，大きさは

$$\lim_{n\to\infty}\sum_{i=1}^{n} G(x_i) = 2ckh \lim_{n\to\infty}\sum_{i=1}^{n}(x_i^2 + h^2)^{-3/2}(x_i - x_{i-1}) = 2ckh\int_0^L (x^2 + h^2)^{-3/2}dx$$

となる．この $L \to \infty$ としたときの極限値が求めたい力の大きさになる．これを具体的に求めるには結局

$$\int_0^\infty (x^2 + h^2)^{-3/2}dx \quad \left(= \lim_{L\to\infty}\int_0^L (x^2 + h^2)^{-3/2}dx\ ^{1} \right)$$

が求まればいいことになる．この積分は，次節で説明する置換積分を使うと具体的に計算できて

$$\int_0^\infty (x^2 + h^2)^{-3/2}dx = \frac{1}{h^2}$$

となることがわかる．

以上のことから，帯電線から受ける力は x-軸に垂直の向き（$y > 0$ の向き）で，大きさは $2ck\dfrac{1}{h}$ であることがわかる．

10.2　置換積分と積分の計算

関数 $f(x), g(t)$ の合成関数 $f(g(t))$ に関して次の定理がなりたつ．

置換積分

定理 10.1　$a = g(\alpha), b = g(\beta)$ とし，t が $[\alpha, \beta]$ を動くとき，常に $x = g(t)$ は $f(x)$ の定義域[2]内にあるとする．このとき次の等式がなりたつ．

(10.2)
$$\int_a^b f(x)dx = \int_\alpha^\beta f(g(t))g'(t)dt$$

部分積分のときと同様（(9.3) 参照），この定理を不定積分の形で表すと次のようになる．

---

[1] 有限閉区間の積分（これまで使ってきた積分）の極限値を**広義積分**という（詳しくは補章第 3 節を参照）．

[2] $f(x)$ が定義されている x の範囲

t が $g(t)$ の定義域を動くとき，常に $x=g(t)$ は $f(x)$ の定義されている範囲内にあるとする．このとき次の等式がなりたつ．

$$\int f(x)dx = \int f(g(t))g'(t)dt. \tag{10.3}$$

定理 10.1 の証明　$F(x)$ を $f(x)$ の原始関数[3]とする．第 2 章の「合成関数の微分」(2.5) より，

$$\frac{d}{dt}\{F\big(g(t)\big)\} = F'\big(g(t)\big)g'(t) = f\big(g(t)\big)g'(t)$$

となる．第 8 章の「微分積分の基本定理」（定理 8.1）を使って

$$\int_\beta^\alpha f(g(t))g'(t)dt = \big[F(g(t))\big]_\alpha^\beta = F(b)-F(a)$$

を得る．

一方，$F(x)$ が $f(x)$ の原始関数であることから，$\displaystyle\int_a^b f(x)dx = F(b)-F(a)$ である（第 8 章の (8.8) 参照）．ゆえに，定理 10.1 がなりたつ．

（証明終わり）

$x=g(t)$ とし，$g'(t)$ を $\dfrac{dx}{dt}$ と書くと，定理 10.1 の等式 (10.2) は

$$\int_a^b f(x)dx = \int_\alpha^\beta f(g(t))\frac{dx}{dt}dt$$

とも書ける．これは，形式的に右辺 $f(g(t))\dfrac{dx}{dt}$ の部分に dt をかけて約分したような形をしていることに注意しよう．

置換積分は積分を具体的に求めるときよく使われる．その例をいくつかあげよう．例 10.1, 10.2 は，(10.2) において左辺から右辺にかえる例である．

例 10.1

前節「(1) 帯電線からの電場」で $\displaystyle\int_0^\infty (x^2+h^2)^{-3/2}dx$ を求める必要があった．これは以下のようにすれば求められる．

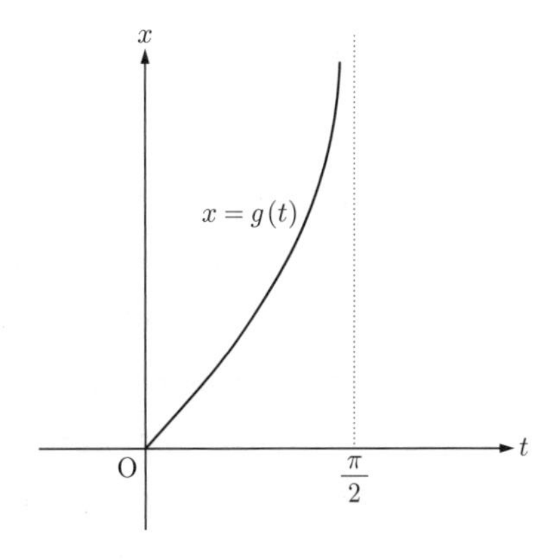

t を区間 $\left[0, \dfrac{\pi}{2}\right)$ の変数とし，

$$g(t) = h\tan t$$

とおく．$x=g(t)$ により，t の区間 $\left[0, \dfrac{\pi}{2}\right)$ は区間 $[0,+\infty)$ に変換される（右図参照）．また

$$g'(t) = h\frac{1}{\cos^2 t}$$

[3] 原始関数の存在証明については第 11 章の補足 11.1 を参照．

である．$L = h\tan t_L$ とし，$f(x) = (x^2+h^2)^{-3/2}, x = g(t)$ として，定理 10.1 を使うと

$$\int_0^L (x^2+h^2)^{-\frac{3}{2}}dx = \int_0^{t_L}(h^2\tan^2 t + h^2)^{-\frac{3}{2}}g'(t)dt = \frac{1}{h^2}\int_0^{t_L}(\tan^2+1)^{-\frac{3}{2}}\frac{1}{\cos^2 t}dt$$
$$= \frac{1}{h^2}\int_0^{t_L}\cos t\ dt = \frac{1}{h^2}\sin t_L$$

となる．$L \to \infty$ のとき，$t_L \to \frac{\pi}{2}$ であるから，

$$\int_0^\infty (x^2+h^2)^{-\frac{3}{2}}dx = \frac{1}{h^2}$$

となる．

例 10.2

半径 r の円の面積は πr^2 である．この値は，円を表す関数 $\sqrt{r^2-x^2}$ を積分することから得られるはずである（右図参照）．このことを確かめてみよう．

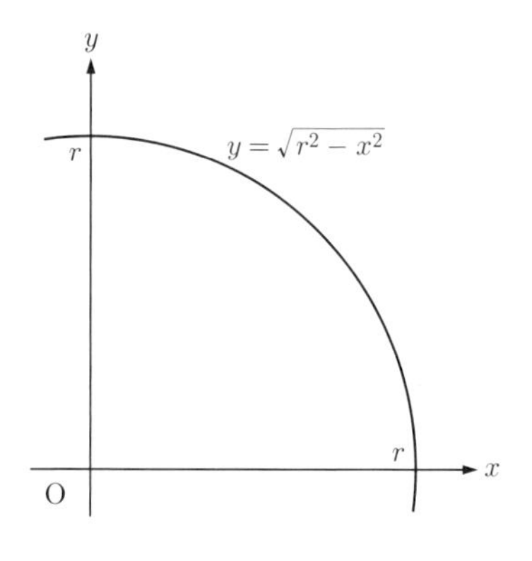

$g(t) = r\sin\theta$ とし，定理 10.1 を使うと，

$$\int_0^r \sqrt{r^2-x^2}\,dx = \int_0^{\frac{\pi}{2}}\sqrt{r^2-r^2\sin^2 x}\,r\cos\theta d\theta$$
$$= \int_0^{\frac{\pi}{2}} r^2\cos^2\theta d\theta$$

となる．ここで $\cos^2\theta = \frac{1+\cos 2\theta}{2}$ であることに注意すると

$$\int_0^{\frac{\pi}{2}}\sqrt{r^2-x^2}dx = r^2\left[\frac{\theta}{2}+\frac{\sin 2\theta}{4}\right]_0^{\frac{\pi}{2}} = \frac{1}{4}\pi r^2$$

が得られる．したがって，円の面積は πr^2 であることが確認できた．

以下の例 10.3, 10.4 は，(10.2) あるいは (10.3) の右辺から左辺の形にする例である．

例 10.3

帯電しているコンデンサー[4]を抵抗（ヒーター）と導線でつなぐと熱が発生する．コンデンサーに蓄えられている電気量は電圧に比例する（比例定数は c とする）．抵抗での発生熱量率（単位時間あたりの熱量）は，そのときの電圧と電流の積に比例する（比例定数は k とする）．最初，コンデンサーの電気量が Q であるならば，発生熱量は $\frac{k}{2c}Q^2$ である．このことを示そう．

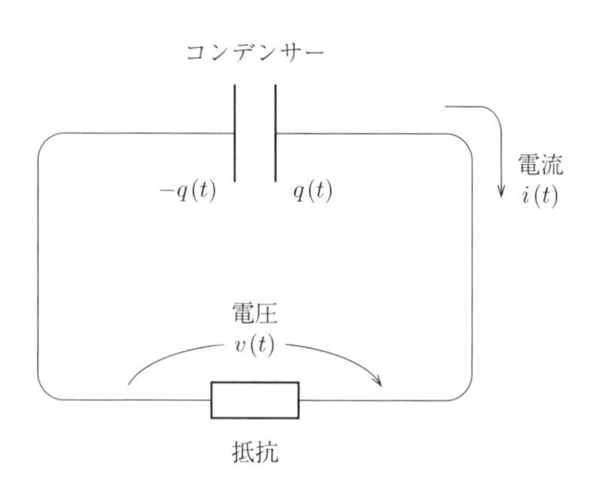

[4] コンデンサーについては，第 7 章の例 7.2 を参照．

時刻 t におけるコンデンサーの電気量を $q(t)$ とすると，このときの抵抗を流れる電流 $i(t)$ は $q'(t)$ に等しい．$q(0)=Q, q(T)=0$ とすると，$t=0$ から $t=T$ までに抵抗から発生する熱量 J は

$$J=\int_0^T kv(t)i(t)dt \tag{10.4}$$

となる．この J が求める発熱量である．$v(t)=\dfrac{1}{c}q(t), i(t)=-q'(t)$ であるから，これらを (10.4) に代入すると

$$J=-\int_0^T \frac{k}{c}q(t)q'(t)dt$$

が得られる．定理 10.1 より（$f(x)=x, g(t)=q(t)$ とする）

$$\int_0^T q(t)q'(t)dt=\int_{q(0)}^{q(T)} xdx \quad \left(=-\frac{1}{2}q(0)^2\right)$$

が得られる．ゆえに，$J=\dfrac{k}{2c}Q^2$ である．

例 10.4

$f(x)=x^n$，$g(t)=\sin t$ として，(10.3) を使うと次の等式が得られる．

$$\int \sin^n t\cos t\ dt=\int x^n dx=\frac{1}{n+1}x^{n+1}=\frac{1}{n+1}\sin^{n+1} t \quad \text{(積分定数は省略)}.$$

章末問題

問題 10.1　2 つの電荷がおよぼし合う力について，クーロンの法則がなりたつとする（(10.1) 参照）．今，平面上の 2 点 $(\tilde{x},0),(-\tilde{x},0)$ $(\tilde{x}>0)$ それぞれに電気量 q の電荷があり，点 $(0,h)$ $(h>0)$ に単位電荷があるとする．単位電荷が他の電荷から受ける力を $\boldsymbol{F}$ とすると，$\boldsymbol{F}$ の向きは y-軸正の向きであり，大きさは $2cq(\tilde{x}^2+h^2)^{-3/2}$ となることを示せ．

問題 10.2　次の積分を求めよ．

(1) $\displaystyle\int_0^{\frac{\pi}{2}} \frac{\cos x}{1+\sin^2 x}dx$　　(2) $\displaystyle\int (ax+b)^n dx$

問題 10.3　$\displaystyle\int_0^{\frac{\pi}{4}} \frac{1}{(1+x^2)^2}dx$ の値を求めよ．

問題 10.4　$\displaystyle\int_0^{\frac{\pi}{4}} \tan x\ dx$ の値を求めよ（ヒント　$y=\cos x$ とおけ）．

第 11 章

平均値定理とその利用

本章では「平均値定理」に関連することを説明したい．この定理は，関数の増分と導関数との関係を示す定理であり，さまざまな基本事項の証明に基礎的な役割をはたすものである．さらに，平均値定理を使って，関数の 1 次式による近似について考察してみる．

11.1　平均値定理

関数 $f(x)$ が与えられているとする．x が a から b まで変化したとき，$f(x)$ の変化量（増分）は $f(b)-f(a)$ である．この（平均の）変化率は $\dfrac{f(b)-f(a)}{b-a}$ である．これは右図の直線 PQ の傾きに等しい[1]．次の定理は，「この直線 PQ の傾きにちょうど等しい傾きの接線が少なくとも 1 つ存在する」ことを主張している．図をみる限り，この主張はあたり前のように思えるが，証明はそれほど簡単ではない．

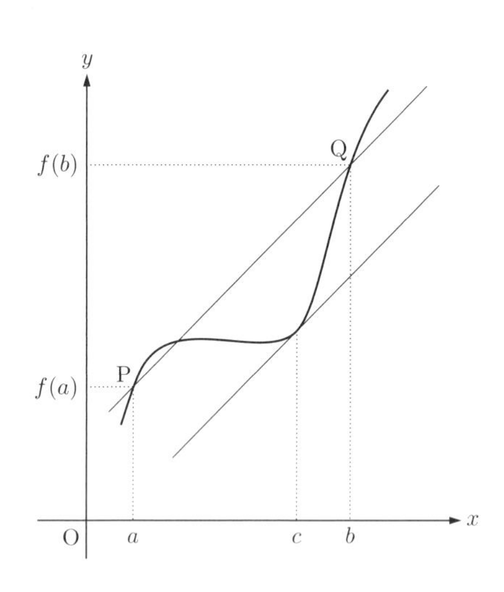

平均値定理

定理 11.1　次の等式が成立する c が少なくとも 1 つ区間 (a,b) に存在する．

$$\frac{f(b)-f(a)}{b-a}=f'(c).$$

上の定理は次の形で書かれることもある．そしてこれを**有限増分の公式**と呼ぶ．

$$f(b)-f(a)=f'(c)(b-a).$$

証明　$f(x)$ と図の直線 PQ を表す 1 次式[2]との差

$$F(x)=f(x)-\left\{\frac{f(b)-f(a)}{b-a}(x-a)+f(a)\right\}$$

[1] 直線の傾きについては第 0 章第 2 節を参照．
[2] 第 0 章の (0.2) を参照．

を考える．$F(a) = 0 = F(b)$，$F'(x) = f'(x) - \dfrac{f(b) - f(a)}{b - a}$ である．したがって次のことを示せばよい．

(11.1)　　　$F(a) = F(b)$ のとき，$F'(c) = 0$ となる c が (a, b) に存在する．

これは**ロールの定理**と呼ばれている．

$F(x)$ が定数ならば (11.1) は明らかなのでそうでないとする．$F(x)$ は閉区間 $[a, b]$ で連続であるので，最大値と最小値がある（補章の定理 18.4 を参照）．最大値と最小値がともに等しければ，$F(x)$ は定数 $(= F(b))$ になるので，どちらかは $F(b)$ と異なる．今，最大値が異なるとする（最小値が異なる場合は，$-F(x)$ を考えれば最大値の場合に帰着できる）．さらに，$x = c$ で最大値をとるとする．とすると，$a < c < b$ である．

$F'(c) = 0$ であることを示す．$h\ (> 0)$ が十分小さければ，$a < c \pm h < b$ である．しかも，$F(c)$ が最大値だから，$F(c \pm h) \leq F(c)$ である．したがって，

$$\frac{F(c+h) - F(c)}{h} \leq 0 \text{ かつ } \frac{F(c-h) - F(c)}{-h} \geq 0$$

となる．ここで，$h\ (> 0) \to 0$ とすることで，$F'(c) \leq 0$ かつ $F'(c) \geq 0$ を得る．すなわち，$F'(c) = 0$ である．ゆえに (11.1) が成立する．よって，定理 11.1 が得られる．

（証明終わり）

平均値定理と呼ばれる定理には，積分に関するものもある．これについては，後述の補足 11.1 で触れたい．

平均値定理（定理 11.1）は，正しそうに思えるが厳密な確認がやりにくいとき，役に立つことがよくある．その例を 2 つあげてみよう．

第 2 章で次のことを述べた（(2.2) 参照）．

(11.2)　　(a, b) で常に $f'(x) > 0$ ならば，$f(x)$ は (a, b) で増加している．

(11.3)　　(a, b) で常に $f'(x) < 0$ ならば，$f(x)$ は (a, b) で減少している．

(11.2) の証明について考えてみよう．(11.3) については，$g(x) = -f(x)$ を考えれば，(11.2) に帰着できる．そもそも，「$f(x)$ が (a, b) で増加」の定義がはっきりしない．それをはっきりさせると次のようになるだろう．「$f(x)$ が (a, b) で増加」とは，「(a, b) において，$x_1 < x_2$ ならば常に $f(x_1) < f(x_2)$ が成立している」ときをいう．したがって，(11.2) を示すには，「(a, b) で常に $f'(x) > 0$」から「(a, b) において，$x_1 < x_2$ ならば常に $f(x_1) < f(x_2)$ が成立している」を導けばよいことになる．

平均値定理（定理 11.1）を使うと，$x_1 < x_2$ をみたす任意の $x_1, x_2 \in (a, b)$ に対して $\dfrac{f(x_2) - f(x_1)}{x_2 - x_1} = f'(c)$ となる c が (a, b) 内にあることになる．ゆえに，「(a, b) で常に $f'(x) > 0$」ならば $\dfrac{f(x_2) - f(x_1)}{x_2 - x_1} > 0$ となり，常に $f(x_1) < f(x_2)$ が成立する．よって (11.2) が得られる．

第 8 章で不定積分は定数のずれを含んでいることをいった．たとえば，$\int x^n dx = \frac{1}{n+1}x^{n+1} + C$（$C$ は任意定数）．このことは次のことが前提になっている．

(11.4)　　　　区間 (a, b) で $f'(x) = 0$ ならば，$f(x)$ は (a, b) で一定である．

もし，これが誤りで，定数ではなくかつ $f'(x) = 0$ となる関数 $f(x)$ があったとすれば，$\int x^n dx = \frac{1}{n+1}x^{n+1} + C$ とは書けないことになる．(11.4) を確かめるには次のようにすればよい．

$\tilde{x} \in (a, b)$ とする．平均値定理より，$\frac{f(\tilde{x}) - f(a)}{\tilde{x} - a} = f'(c)$ となる c が $(a, \tilde{x})\big(\subset (a, b)\big)$ 内に存在するが，$f'(c) = 0$ である．よって，$f(\tilde{x}) - f(a) = 0$ となる．$\tilde{x}$ は (a, b) で任意にとれるから，(a, b) で常に $f(x) = f(a)$ である．つまり，$f(x)$ は (a, b) で一定である．

上記の証明に限らず，数学では，直感的にはあたり前のようなことでも厳密に証明しようとするとかなり難しいことが少なくない．それをあえてしようとするのは，一つには，あたり前のように感じてもしばしば限定的にしかいえないことがあること，もう一つは細部にわたって厳密に確認してみたいという意図（強い思い）があることからである．

11.2　関数の 1 次式近似

変数 x は a の近くを動くとして，関数 $f(x)$ を何か単純な関数で近似することを考えたい．以下において，この「単純な関数」として 1 次式を選び，そのときの近似の誤差などについても考えてみる．前節の平均値定理（定理 11.1）より，x, a の大小にかかわらず

$$f(x) = f'(c)(x - a) + f(a)$$

となる c が a と x の間に存在することがわかる．この右辺は一見近似式を与えているように見えるが，c は x に依存しており近似したことにはなっていない．そこで，c を a で置き換えた 1 次式

$$g(x) = f'(a)(x - a) + f(a)$$

で近似してみることにする．

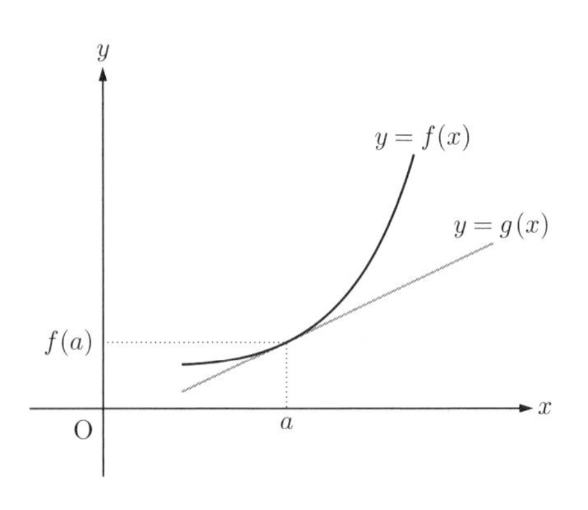

これはちょうど右図で示すように，曲線 $y = f(x)$ を $x = a$ の周辺で（点 $(a, f(a))$ における）接線によって近似していることになる．

このとき，誤差 $|f(x) - g(x)|$ はどの程度におさまるか考えてみたい．x が a の近くを動くとき，$g(x)$ の変化は「ずれ」$(= x - a)$ に比例した動きをする（$f'(a) \neq 0$ とする）．したがって，誤差は，$x \to a$ のとき $|x - a|$ より速く 0 に収束することが望まれる．たとえば，「誤差」$\leq C|x - a|^2$ のような不等式が得られ

ることが望まれる．

平均値定理より，$f'(c) - f'(a) = f''(\tilde{c})(x-a)$ となる $\tilde{c}$ が c と a（したがって a と x）の間に存在する．したがって，$|f(x) - g(x)| = |f'(c) - f'(a)||x-a|$ であるから

$$|f(x) - g(x)| = |f''(\tilde{c})||x-a|^2$$

が得られる．今 x は a の周辺 $[a-h, a+h]$（h は小さい正定数とする）を動くとし，$M = \max_{|t-a| \leq h} |f''(t)|$ とおくと[3]，結局

$$|f(x) - g(x)| \leq M|x-a|^2 \tag{11.5}$$

となる．したがって，望む不等式が得られる．

上述の近似よりもっと精度を上げたければ，上記の $g(x)$ として，2次式

$$g(x) = a_2(x-a)^2 + f'(a)(x-a) + f(a)$$

をうまくとればよい（a_2 をうまく選ぶ）．このことについては，第12章で考察する．

例 11.1

$0 \leq x \leq \dfrac{1}{10}$ において，$f(x) = \dfrac{1}{1+x}$ を1次式 $1 + f'(0)x\ \bigl(= 1 - x\bigr)$ で近似したとき，その誤差がどれぐらいにおさまっているかを調べてみよう．

$f''(x) = 2(1+x)^{-3}$ であるので，(11.5) において $M = 2$ と取ってよい（もう少し小さくとれるけれど）．したがって，誤差は，（大きめに評価すると）次のようになる．

$$\bigl|\text{誤差}\bigr| \leq 2\left(\frac{1}{10}\right)^2 = \frac{1}{50}$$

上記の $\dfrac{1}{1+x}$ は，実は等比級数 $1 + (-x) + \cdots + (-x)^n + \cdots$ の極限値である（無限級数については第13章で詳しく取り上げる）．したがって次のように書ける．

$$\frac{1}{1+x} = 1 - x + (-x)^2\bigl(1 + (-x) + (-x)^2 + \cdots\bigr) = 1 - x + \frac{x^2}{1+x}.$$

これより，例11.1における近似の誤差はもっと正確にわかる．すなわち，誤差は $\dfrac{x^2}{1+x}$ である．しかし，このように正確なことがわかるのは特別な場合である．したがって，一般には例11.1で行ったようなやり方でやることになる．

関数を1次式で近似することは，しばしば具体的な公式（演算式）の証明に利用される．その実例として，第2章で厳密には証明しなかった合成関数 $f(g(t))$ の微分の公式

$$\frac{d}{dt}\bigl\{f(g(t))\bigr\} = f'(g(t))g'(t) \quad \left(= \frac{df}{dx}(g(t))\,\frac{dg}{dt}(t)\right) \tag{11.6}$$

[3] $\max_{|t-a| \leq h} |f''(t)|$ は $[a-h, a+h]$ における $|f''(t)|$ の最大値を表す．このような最大値の存在は，補章の定理18.4より保証されている．

を証明してみる．そのために，まず上の「関数の1次式による近似」の議論からわかる次のことを認識しておこう．

$$f(x) = f(a) + f'(a)(x-a) + R(x) \tag{11.7}$$

とすると，$R(x)$ は

$$|R(x)| \leq C|x-a|^2 \tag{11.8}$$

をみたす（(11.5) を参照）．

合成関数の微分の証明（(11.6) の証明）

微分の定義より，$\dfrac{d}{dt}\{f(g(t))\} = \lim_{h\to 0} \dfrac{f(g(t+h)) - f(g(t))}{h}$ である．$x = g(t+h), a = g(t)$ として (11.7) を使うと，$f(g(t+h)) - f(g(t)) = f'(g(t))\big(g(t+h) - g(t)\big) + R(g(t+h))$ が成立する．よって

$$\frac{f(g(t+h)) - f(g(t))}{h} = f'(g(t))\frac{g(t+h)-g(t)}{h} + \frac{R(g(t+h))}{h}$$

が得られる．$h \to 0$ のとき，上式右辺の第1項は $f'(g(t))g'(t)$ に収束する．(11.8) より，第2項については

$$\left|\frac{R(g(t+h))}{h}\right| \leq C\left|\frac{g(t+h)-g(t)}{h}\right|^2 |h|$$

となるので，$\lim_{h\to 0} \dfrac{R(g(t+h))}{h} = 0$ である．したがって，(11.6) が得られる．

（証明終わり）

補足 11.1

この補足では，積分に関する「平均値定理」について説明する．さらに，これを使って原始関数の存在について考察したい．

積分に関する**平均値定理**

定理 11.2　関数 $f(x)$ が $[a,b]$ で連続ならば次式をみたす c が (a,b) に少なくとも1つ存在する．

$$\int_a^b f(x)dx = f(c)(b-a).$$

この定理は次の (11.9)（補章の定理 18.4）から導ける．

(11.9)　関数 $g(x)$ が $[\tilde{a}, \tilde{b}]$ で連続ならば，$g(\tilde{a})$ と $g(\tilde{b})$ の間にある（任意の）値 k に対して $k = g(c)$ となる c が $(\tilde{a}, \tilde{b})$ に少なくとも1つ存在する．

$g(x)$ が連続ということは，$g(x)$ のグラフがつながっていることを意味するから，(11.9) は図形的には明らかなことである．しかし，数学的な証明はあまり簡単ではない．ここでは (11.9) は認めることにする．(11.9) の証明については補章の定理 18.3 でやることにする．

定理 11.2 の証明 $f(x)$ の $[a,b]$ における最大値を $M=f(x_M)$，最小値を $m=f(x_m)$ とする．$m=M$ のときは $f(x)$ は定数となり，定理 11.2 は明らかに成立する．$m \neq M$ とする．$[a,b]$ において $m \leq f(x) \leq M$ であり，$m<f(x)<M$ となる x も存在するから，第 8 章にある公式 (III) より

$$\Big(m(b-a) = \Big) \int_a^b m\ dx < \int_a^b f(x)dx < \int_a^b M\ dx \quad \Big(= M(b-a) \Big)$$

となる．ゆえに，$m < \dfrac{1}{b-a}\displaystyle\int_a^b f(x)dx < M$ となる．

ここで，$k=\dfrac{1}{b-a}\displaystyle\int_a^b f(x)dx$, $\tilde{a}=x_m, \tilde{b}=x_M$ として（$x_m \leq x_M$ とする，$x_m \geq x_M$ のときは $\tilde{a}=x_M, \tilde{b}=x_m$），(11.9) を使うと，

$$\frac{1}{b-a}\int_a^b f(x)dx = f'(c)$$

となる c が (a,b) に存在する．よって，定理 11.2 が成立する．

（証明終わり）

関数 $f(x)$ の積分を具体的に求めるとき，原始関数（$F'(x)=f(x)$ となる $F(x)$）をさがそうとした．しかし，この原始関数の存在[4]はどのような $f(x)$ であれば保証されるのか明確ではなかった．定理 11.2 を使えば，$f(x)$ が連続関数であれば原始関数が存在することがわかる．このことを示しておこう．

原始関数の存在証明 $f(x)$ を $[a,b]$ で連続な関数とする．$a \leq x \leq b$ とし，

$$F(x) = \int_a^x f(t)dt$$

とおく．ここで，$f(t)$ が $[a,x]$ で連続であることが各 x で積分値の存在を保証していることに注意しよう．$F'(x)=f(x)$ となることを示そう．第 8 章にある公式 (IV) を使うと

$$\frac{F(x+h)-F(x)}{h} = \frac{1}{h}\left\{\int_a^{x+h} f(t)dt - \int_a^b f(t)dt\right\} = \frac{1}{h}\int_x^{x+h} f(t)dt$$

となる．定理 11.2 より

$$\frac{1}{h}\int_x^{x+h} f(t)dt = f(c)$$

となる c が x と $x+h$ の間にある．ゆえに，$f(x)$ の連続性より，$h \to 0$ のとき上記の $f(c)$ は $f(x)$ に収束する．すなわち，$\displaystyle\lim_{h\to 0}\frac{F(x+h)-F(x)}{h} = f(x)$ となる．したがって，$F(x)$ は $f(x)$ の原始関数である．

（証明終わり）

---

[4] ここでいう存在は理論上の話であり，具体的な関数の形がわかるという意味ではない

章末問題

問題 11.1　(a,b) で常に $|f'(x)| \leq k$（k は正の定数）ならば，(a,b) において次の不等式が成り立つことを示せ．

$$f(a) - k|x-a| \leq f(x) \leq f(a) + k|x-a|.$$

問題 11.2　$|x| \leq \varepsilon\ (\varepsilon > 0)$ のとき，$\sin x$ を x で近似したとする．このとき，誤差は ε^2 以下になることを示せ．

問題 11.3　$\dfrac{9}{10} \leq x \leq \dfrac{11}{10}$ のとき，$\log x$ を $x-1$ で近似したとする．このとき，誤差は $\dfrac{1}{90}$ 以下になることを示せ．

問題 11.4　$0 \leq x \leq \dfrac{1}{10}$ において，$\sqrt{1+x}$ を $1+\dfrac{1}{2}x$ で近似したとする．このとき，誤差が $\dfrac{1}{100}$ 以内におさまっているかどうか調べよ．

第 12 章

テイラー展開とその利用

この章ではテイラー展開について説明したい．これは関数を多項式（n 次式）で近似することだともいえる．この多項式は特定の形をしており，ただ一つ（一意的）である．テイラー展開は，関数の近似値を求めるとき（例 12.1 など）や何か公式を証明するとき（定理 13.2 の証明など）非常に役に立つものである．近似の実例についても触れる．

12.1 関数の多項式近似

前章において関数 $f(x)$ を 1 次式で近似することを考えた．$x = a$ の近くで近似する場合，この 1 次式は $g(x) = f'(a)(x-a)$ であり，その誤差 $f(x) - g(x)$ は $|f(x) - g(x)| \leq M|x-a|^2$ と評価できた．この近似の精度をもっとあげて，誤差が $|f(x)-g(x)| \leq C|x-a|^3$ をみたすようにしたければ，近似式 $g(x)$ として 2 次式 $f(a)+f'(a)(x-a)+\dfrac{1}{2}f'(a)(x-a)^2$ を使えばよい．この近似の様子を図示すれば右図のようになる．さらに，もっと一般に，n 次多項式

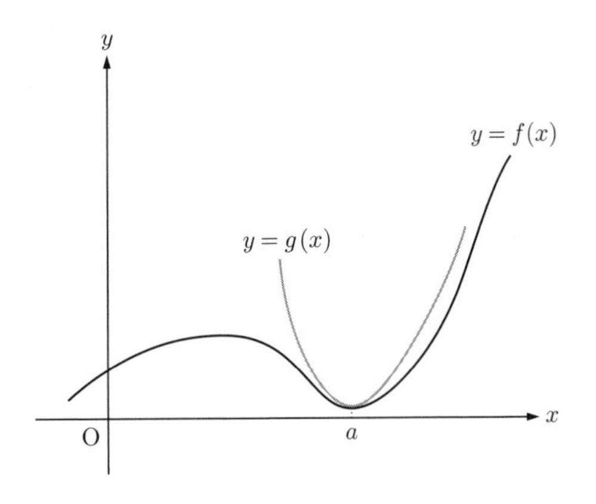

$$g(x) = a_n(x-a)^n + a_{n-1}(x-a)^{n-1} + \cdots + a_1(x-a) + a_0$$

の係数 $a_n, a_{n-1}, \ldots, a_1, a_0$ をうまく選んで，誤差 $(= f(x) - g(x))$ が

$$|f(x) - g(x)| \leq C|x-a|^{n+1}$$

をみたすようにできる．具体的には，$a_n, a_{n-1}, \ldots, a_1, a_0$ を次節の定理 12.2（テイラーの展開定理）で示すように取るとよい．しかも，次の定理 12.1 が示すように，このような n 次式はただ一つなのである．

定理 12.1　関数 $f(x)$ の変数 x は区間 $[a-h, a+h]$ $(h>0)$ を動くものとする．n 次多項式（$n \geq 1$）

$$g(x) = \sum_{i=0}^{n} a_i(x-a)^i, \quad \tilde{g}(x) = \sum_{i=0}^{n} \tilde{a}_i(x-a)^i$$

が不等式

$$|f(x) - g(x)| \leq C|x-a|^{n+1}, \quad |f(x) - \tilde{g}(x)| \leq \tilde{C}|x-a|^{n+1} \qquad (C, \tilde{C}\text{は正の定数})$$

をみたすならば，$g(x)$ と $\tilde{g}(x)$ の各係数は一致しなければならない．すなわち，

$$a_n = \tilde{a}_n,\ a_{n-1} = \tilde{a}_{n-1}, \ldots, a_1 = \tilde{a}_1,\ a_0 = \tilde{a}_0. \tag{12.1}$$

証明　$a_0 \neq \tilde{a_0}$ とすると，$g(x) - \tilde{g}(x) = a_0 - \tilde{a}_0 + \sum_{i=1}^{n}(a_i - \tilde{a}_i)(x-a)^i$ であるから

$$\lim_{x \to a} \big(g(x) - \tilde{g}(x)\big) = a_0 - \tilde{a}_0 \neq 0$$

となる．一方，$|g(x) - \tilde{g}(x)| \leq |g(x) - f(x)| + |f(x) - \tilde{g}(x)| \leq C|x-a|^{n+1} + \tilde{C}|x-a|^{n+1}$ となるから，

$$\lim_{x \to a} |g(x) - \tilde{g}(x)| = 0$$

となり，矛盾が生じる．したがって，$a_0 = \tilde{a}_0$ である．

後は，$a_0 = \tilde{a}_0, \ldots, a_k = \tilde{a}_k$ $(0 \leq k \leq n-1)$ であるならば $a_{k+1} = \tilde{a}_{k+1}$ となることを示せばよい（数学的帰納法）．今，$a_{k+1} \neq \tilde{a}_{k+1}$ とすると，$g(x) - \tilde{g}(x) = \displaystyle\sum_{i=k+1}^{n}(a_i - \tilde{a}_i)(x-a)^i$ であるから，「$a_0 = \tilde{a}_0$」のときと同様に

$$\lim_{x \to a} \frac{g(x) - \tilde{g}(x)}{(x-a)^{k+1}} = a_{k+1} - \tilde{a}_{k+1} \neq 0$$

となる．一方，$\left|\dfrac{g(x) - \tilde{g}(x)}{(x-a)^{k+1}}\right| \leq \left|\dfrac{g(x) - \tilde{f}(x)}{(x-a)^{k+1}}\right| + \left|\dfrac{f(x) - \tilde{g}(x)}{(x-a)^{k+1}}\right| \leq C|x-a|^{n-k} + \tilde{C}|x-a|^{n-k}$ となるから，

$$\lim_{x \to a} \left|\frac{g(x) - \tilde{g}(x)}{(x-a)^{k+1}}\right| = 0$$

となり，やはり矛盾が生じる．したがって，(12.1) が成立する．

（証明終わり）

次節で「テイラーの展開定理」として詳しく述べるが，関数を多項式で近似するとき各係数はその関数の（高次）微分係数から定まる．このことは，関数の近似値を求めることに利用できる．$\sin x$ について具体的に考えてみよう．

例 12.1

しばしば $\sin x$ は x で近似される．その誤差 $(= \sin x - x)$ は

$$|\sin x - x| \leq \frac{1}{6}x^3 \tag{12.2}$$

をみたしている（証明は，章末の問題 12.1 で読者に任せたい）．この不等式を使うと，$0 \leq x \leq \dfrac{\pi}{6}$ $(= 30^\circ)$ のとき，誤差は $\dfrac{\pi^3}{1296}$ $(= 0.024\ldots)$ 以内にあることがわかる．さらに，近似多項式の次数を上げることによって，最大誤差を任意に指定することができるのである．

12.2 テイラーの展開定理

前節で関数 $f(x)$ を多項式で近似することを考えた．次の定理は，その多項式の各係数がどんなものかを示すものであり，テイラーの展開定理と呼ばれている．この定理は，関数の近似のときだけでなく，他のさまざまな定理の証明のとき基本的な役割を果たすものである（たとえば，第 13 章の定理 13.2，第 17 章の定理 17.1 を参照）．

テイラーの展開定理

定理 12.2 関数 $f(x)$ の変数 x は区間 $[a-h, a+h]$ $(h>0)$ を動くものとする．このとき，次の等式と不等式がなりたつ[1]．

$$f(x) = f(a) + \frac{f'(a)}{1!}(x-a) + \frac{f''(a)}{2!}(x-a)^2 + \cdots + \frac{f^{(n)}(a)}{n!}(x-a)^n + \int_a^x \frac{(x-y)^n}{n!} f^{(n+1)}(y)dy, \tag{12.3}$$

$$\left| \int_a^x \frac{(x-y)^n}{n!} f^{(n+1)}(y)dy \right| \leq C|x-a|^{n+1}. \tag{12.4}$$

(12.3) において，右辺の多項式の部分を「$f(x)$ の**テイラー展開**」といい，積分の部分をその**剰余項**という．$a=0$ のときのテイラー展開は，特に**マクローリン展開**とも呼ばれる．
(12.3) の剰余項について次のことが成立する．

(12.5) $\displaystyle\int_a^x \frac{(x-y)^n}{n!} f^{(n+1)}(y)dy = \frac{1}{(n+1)!} f^{(n+1)}(c)(x-a)^{n+1}$ となる c が x と a の間に存在する．

証明 第 8 章にある定理 8.1（微分積分の基本定理）より

$$f(x) = f(a) + \int_a^x f'(y)dy$$

である．$\displaystyle\int_a^x f'(y)dy = \int_a^x \left(-\frac{d(x-y)}{dy}\right) f'(y)dy$ と書けるから，第 9 章にある定理 9.1（部分積分）を使って

$$\int_a^x f'(y)dy = -\big[(x-y)f'(y)\big]_a^x + \int_a^x (x-y)f''(y)dy = f'(a)(x-a) + \int_a^x (x-y)f''(y)dy$$

が得られる．さらに，$(x-y) = \left(-\dfrac{1}{2}\dfrac{d(x-y)^2}{dy}\right)'$ であるので，同様にして $\displaystyle\int_a^x (x-y)f''(y)dy = \frac{f''(a)}{2}(x-a)^2 + \int_a^x \frac{(x-y)^2}{2} f^{(3)}(y)dy$ となる．以後，$\dfrac{1}{(i-1)!}(x-y)^{i-1} = -\dfrac{1}{i!}\dfrac{d(x-y)^i}{dy}$

[1] これらの式に現れる $f^{(n)}(x)$ は $f(x)$ の n 階導関数を表す．

に注意して，このような書き換えを繰り返していくと，

$$f(x)=f(a)+\frac{f'(a)}{1!}(x-a)+\frac{f''(a)}{2!}(x-a)^2+\cdots+\frac{f^{(n)}(a)}{n!}(x-a)^n+\int_a^x\frac{(x-y)^n}{n!}f^{(n+1)}(y)dy$$

が得られる．よって，(12.3) が得られる．

次に (12.4) を示そう．$[a-h,a+h]$ における $|f^{(n+1)}(y)|$ の最大値[2]を M とする．今，$a<x$ とする．一般に $\left|\int_a^x g(x)dx\right|\leq\int_a^x|g(x)|dx$ [3]が成立する．したがって

$$\left|\int_a^x\frac{(x-y)^n}{n!}f^{(n+1)}(y)dy\right|\leq\int_a^x\frac{(x-y)^n}{n!}Mdy\leq\frac{M}{(n+1)!}(x-a)^{n+1}$$

がなりたつ．$a>x$ であっても同様の不等式が得られる．ゆえに (12.4) が成立する．

（証明終わり）

$\cos x$ と $\sin x$ の $x=0$ におけるテイラー展開（マクローリン展開）を求めてみよう．この結果から，三角関数が指数関数と密接な関係にあることがみえてくる．

例 12.2

(i) $\cos x$ のマクローリン展開は x の偶数次項のみ現れる．

$$\cos x=1-\frac{1}{2!}x^2+\cdots+(-1)^{\frac{n}{2}}\frac{1}{n!}x^n+\int_0^x\frac{(x-y)^n}{n!}\left(\frac{d^{n+1}}{dy^{n+1}}\cos y\right)dy\qquad(n\text{ は偶数})\quad.$$

(ii) $\sin x$ のマクローリン展開は x の奇数次項のみ現れる．

$$\sin x=x-\frac{1}{3!}x^3+\cdots+(-1)^{\frac{n-1}{2}}\frac{1}{n!}x^n+\int_0^x\frac{(x-y)^n}{n!}\left(\frac{d^{n+1}}{dy^{n+1}}\sin y\right)dy\qquad(n\text{ は奇数})\quad.$$

上の展開式の剰余項について次のことがいえる．

$$\lim_{n\to\infty}\int_0^x\frac{(x-y)^n}{n!}\left(\frac{d^{n+1}}{dy^{n+1}}\cos y\right)dy=0,$$

$$\lim_{n\to\infty}\int_0^x\frac{(x-y)^n}{n!}\left(\frac{d^{n+1}}{dy^{n+1}}\sin y\right)dy=0.$$

したがって，実は $\cos x,\sin x$ は無限級数の極限値になっているのである．

$$\cos x=1-\frac{1}{2!}x^2+\frac{1}{4!}x^4-\cdots,\tag{12.6}$$

$$\sin x=x-\frac{1}{3!}x^3+\frac{1}{5!}x^5-\cdots.\tag{12.7}$$

ここで，指数関数 e^x を無限級数で定義したことを思い出そう（第 3 章参照）[4]．この無限級数

---

[2] 最大値の存在については，補章の定理 18.4 を参照．
[3] $\pm g(x)\leq|g(x)|$ および第 8 章 44 ページにある公式 (III) に注意せよ．
[4] 無限級数の収束に関する考察は第 13 章を参照

は，x が複素数となっても収束する（詳しくは第 13 章を参照）．そこで x を ix に置き換えると

$$
\begin{aligned}
e^{ix} &= 1 + ix + \frac{1}{2!}(ix)^2 + \frac{1}{3!}(ix)^3 + \frac{1}{4!}(ix)^4 + \cdots \\
&= 1 - \frac{1}{2!}x^2 + \cdots + i\left(x - \frac{1}{3!}x^3 + \cdots\right).
\end{aligned}
$$

となる．この式と上記の $\cos x, \sin x$ の展開式を比べると，次の式が得られる．

$$
e^{\pm ix} = \cos x \pm i \sin x \quad (\textbf{オイラーの等式}). \tag{12.8}
$$

逆に，$\cos x, \sin x$ は e^{ix} を使って

$$
\cos x = \frac{1}{2}(e^{ix} + e^{-ix}), \quad \sin x = \frac{1}{2i}(e^{ix} - e^{-ix})
$$

と書ける．

以上のことから，発生由来は違うけれど，三角関数と指数関数は密接な関係にあるのである．

章末問題

問題 12.1 $|\sin x - x| \leq \dfrac{1}{6}|x|^3$ を証明せよ．

問題 12.2 ネピアの数 e が $1 \leq e \leq 3$ をみたすことは認めて，e の値を小数点以下第 1 位まで求めよ（ヒント e^x のマクローリン展開を使え）．

問題 12.3 x は $\left|x - \dfrac{\pi}{4}\right| \leq \dfrac{1}{10}$ をみたす範囲を動くとして，$\sin x$ をテイラー展開によって近似したい．誤差が $\dfrac{1}{1000}$ 以内になるようにするには，何次までの展開を使うとよいか．

問題 12.4 中間値定理（補章の定理 18.3）を使って，(12.5) を証明せよ．すなわち，$\displaystyle\int_a^x \frac{(x-y)^n}{n!} f^{(n+1)}(y)dy = \frac{1}{(n+1)!}(x-a)^{n+1} f^{(n+1)}(c)$ $(a < x)$ となる c が (a, x) に存在することを示せ．

第 13 章

無限級数の基本事項

この章では，点列や無限級数が「収束する」ということの定義を与え，それに基づいていくつかの無限級数の収束を判定したり，指数関数を数学的に厳密な形で定義してみたい．無限級数は，限りなく「たし算」を続けていったときの極限というイメージであるが，文字どおり無限に続けることはできない．したがって，この「極限」そのものの定義を与える必要があるのである．このように「極限」について詳しく考えていくと，収束がすぐには判定できない微妙な級数もみつかる．このあたりのことが数学的にはっきりするようにいくつかの考察をしてみようというわけである．

13.1　点列や無限級数の収束

第 6 章において指数関数 e^x を現象の表示関数として使った．また，指数関数の定義を厳密なものにしようと思うと，無限級数

$$\lim_{n\to\infty}\left(1+x+\frac{x^2}{2!}+\cdots+\frac{x^n}{n!}\right) \tag{13.1}$$

を使うのが一つの方法であることも話した（第 3 章の第 2 節参照）．第 8 章では，積分 $\displaystyle\int_a^b f(x)dx$ を次の極限値で定義した．

$$\lim_{n\to\infty}\sum_{i=1}^{n} f(c_i)(x_i - x_{i-1}) \quad (c_i \in [x_{i-1}, x_i]). \tag{13.2}$$

しかし，上記の極限値 (13.1) や (13.2) の存在証明については深くは追求しなかった．このことに対して厳密な議論をしようとすれば，収束や極限値の数学的な定義を与え，その定義にしたがって「極限値の存在」を証明することになる．このような厳密な話をしようとするのには理由がある．たとえば，

$$S_n = 1+\frac{1}{2}+\cdots+\frac{1}{n} \tag{13.3}$$

は，$n\to\infty$ のとき収束しそうな気もするが，実は $\displaystyle\lim_{n\to\infty} S_n = \infty$ である（つまり収束しない）．ところが，

$$\tilde{S}_n = 1+\frac{1}{2^{1+s}}+\cdots+\frac{1}{n^{1+s}} \qquad (s\ は正の定数\ )$$

は，$n \to \infty$ のとき収束する．これらからわかるように，微妙な差をきちんと認識するには，厳密な数学の議論が必要なのである．

まず「点列の収束」の定義を与えよう．点列 $\{a_n\}_{n=1,2,\ldots}$ $(= a_1, a_2, \cdots)$ が収束するとは，「何か有限な値 a が存在して，$n \to \infty$ のとき，a_n が a に限りなく近づく（あるいは a に一致する)」ときをいう．これは $\lim_{n\to\infty} |a_n - a| = 0$ ということであるから，もう少し厳密な言い方をすれば次のようになる．

収束列の定義

点列 $\{a_n\}_{n=1,2,\ldots}$ が収束列であるとは次のときをいう．任意の正数 ε に対して（どんなに小さい正数 ε をとっても）N を十分大きくとれば，$n \geq N$ のとき常に

$$|a_n - a| < \varepsilon$$

が成立する．

この定義では点列の極限値がわかっていることが前提になっている．しかし，この前提が確認できていないけれど，点列が収束しているはずだと考えられる場合が少なくない．積分 (13.2) の場合もそうである．そのような収束の証明では，点列 $\{a_n\}_{n=1,2,\ldots}$ が次の定義でいう「基本列」であることを示すとともに，一般論として「基本列」と「収束列」の同等性[1]を証明するというやり方を取ることが多い．

基本列の定義

点列 $\{a_n\}_{n=1,2,\ldots}$ が基本列であるとは次のときをいう．任意の正数 ε に対して N を十分大きくとれば，$n \geq N$ かつ $m \geq N$ のとき常に

$$|a_n - a_m| < \varepsilon$$

が成立する．

基本列のことを**コーシー列**ともいう．上記の定義は，n, m が大きくなればなるほど，$|a_n - a_m|$ はいくらでも小さくなるという意味のことを厳密に言っている．

一般に収束列ならば基本列になっている．これを定義にもとづいて確かめるには次のようにすればよい．$\tilde{\varepsilon}$ を任意の正数とする．$\{a_n\}_{n=1,2,\ldots}$ が収束列だとすれば，「収束列の定義」において，$\varepsilon = \frac{\tilde{\varepsilon}}{2}$ とすると，$k \geq N$ のとき常に $|a_k - a| < \frac{\tilde{\varepsilon}}{2}$ となるような N がとれる．したがって，$n \geq N$ かつ $m \geq N$ とすれば，$|a_n - a_m| \leq |a_n - a| + |a - a_m| < \frac{\tilde{\varepsilon}}{2} + \frac{\tilde{\varepsilon}}{2} = \tilde{\varepsilon}$ となる．つまり，「基本列の定義」の内容がみたされる．

しかし，「基本列」ならば「収束列」であることを示すのは簡単ではない．それどころか，どのような集合内で点列を考えるのかで話が変わってくる．たとえば，有理数の集合内で考えると，両者は同等でなくなってしまう．だからこそ，有理数より広い実数の集合の中で考えるのである．このあたりの詳しい議論は，補章で行っているのでそちらを参照してほしい．これ以

[1] この同等性はどこの集合で考えているかに依存している．実数の集合ではこれは保証されている．

後は，「基本列」と「収束列」は同等であることを認めて議論を進めることにする．

(13.4)
$$a_1 + a_2 + a_3 \cdots + a_n + \cdots$$

という形で書かれたものを**無限級数**と呼んでいるが，厳密なことをいうと，無限回たし算を繰り返すなどということはできない．したがって，この収束や和をきちんと定義しておかなくてはならない．$S_N = \sum_{n=1}^{N} a_n$ を無限級数 (13.4) の**第 N 部分和**と呼び，$\lim_{N\to\infty} S_N$ が（有限値で）存在するとき，「(13.4) は収束する（あるいは和をもつ）」という．さらに，極限値 $\lim_{N\to\infty} S_N$ を (13.4) の**和**と呼ぶ．

無限級数でよく現れる基本的なものは**無限等比級数**である．無限等比級数とは

$$a_0 + a_0 r + a_0 r^2 \cdots + a_0 r^n + \cdots$$

という形をしたものであり，a_0 を初項，r を**公比**とよぶ．この級数の収束については次のことがいえる．

等比級数の収束

定理 13.1　無限等比級数

(13.5)
$$a_0 + a_0 r + a_0 r^2 \cdots + a_0 r^n + \cdots \qquad (a_0 \neq 0 \text{ とする})$$

が収束する必要十分条件は，公比 r が $|r| < 1$ をみたすことである．さらに，収束するときの和は $\dfrac{a_0}{1-r}$ である．

証明　$S_N = a_0 \sum_{n=0}^{N} r^n$ とおく．今 $|r| < 1$ とする．$S_N - S_N\, r = a_0 - a_0 r^{N+1}$ となるから，$S_N(1-r) = a_0 - a_0 r^{N+1}$ であり，$S_N = \dfrac{a_0}{1-r} - \dfrac{a_0}{1-r} r^{N+1}$ となる．$|r| < 1$ のときは $\lim_{N\to\infty} r^{N+1} = 0$ なので，(13.5) は収束し，その和は $\dfrac{a_0}{1-r}$ である．

次に $|r| > 1$ のときを考えよう．S_N について，次のように書き換える．

$$S_N = a_0 r^N \sum_{n=0}^{N} \left(\frac{1}{r}\right)^n.$$

$\sum_{n=0}^{N} \left(\dfrac{1}{r}\right)^n$ は，等比級数であり，公比 $\dfrac{1}{r}$ は $\left|\dfrac{1}{r}\right| < 1$ をみたす．よって，すでに行った議論より，$\lim_{N\to\infty} \sum_{n=0}^{N} \left(\dfrac{1}{r}\right)^n = \dfrac{1}{1-r^{-1}}$ である．また，$\lim_{N\to\infty} |r^N| = \infty$ である．したがって，$\lim_{N\to\infty} |S_N| = \infty$ となり，(13.5) は収束しない．

最後に $|r| = 1$ のときを考えよう．$r = 1$ ならば $\lim_{N\to\infty} S_N = \lim_{N\to\infty} a_0 \sum_{n=0}^{N} 1 = \infty$ である．

$r=-1$ のときは

$$S_N = \begin{cases} a_0\{(1-1)+\cdots+(1-1)+(1-1)\}=0 & (N\text{ が偶数のとき }) \\ a_0\{(1-1)+\cdots+(1-1)+1\}=1 & (N\text{ が奇数のとき }) \end{cases}$$

となるから，$\lim_{N\to\infty} S_N$ は存在しない．ゆえに，$|r|=1$ のとき (13.5) は収束しない．

以上のことから定理 13.1 がなりたつ．

（証明終わり）

13.2　無限級数による関数の定義

第 3 章において，指数関数 e^x を無限級数

$$1+x+\frac{x^2}{2!}+\cdots+\frac{x^n}{n!}+\cdots$$

で定義しようとした．そのときは，次のこと（定理 13.2）を証明しないでそのまま認めた．

指数関数の定義

定理 13.2　x は任意の実数とし，$e_n(x)$ を

$$e_n(x)=1+x+\frac{x^2}{2!}+\cdots+\frac{x^n}{n!} \tag{13.6}$$

とおく．$n\to\infty$ のとき，$e_n(x)$ は収束し，$e(x)=\lim_{n\to\infty} e_n(x)$ は微分可能な関数となる[2]．さらに，$e'(x)=e(x)$ である．

証明　まず，$e_n(x)$ が基本列である（すなわち収束する）ことを示そう．変数 x は $|x|\le d$ の範囲を動くとし（d は任意に固定した正の定数），$2d\le N$ をみたす正の整数 N をとる．$j\ge N$ のとき常に $\dfrac{d}{j}\left(\le\dfrac{d}{N}\right)\le\dfrac{1}{2}$ が成立するから，$n>m\ge N$ とすると，

$$\begin{aligned} |e_n(x)-e_m(x)| &\le \sum_{k=m+1}^{n}\frac{1}{k!}|x|^k \\ &\le \sum_{k=m+1}^{n}\frac{d^{N-1}}{(N-1)!}\left(\frac{d}{N}\right)\left(\frac{d}{N+1}\right)\cdots\left(\frac{d}{k}\right)\le\frac{d^{N-1}}{(N-1)!}\sum_{k=m+1}^{n}\left(\frac{1}{2}\right)^{k-N+1} \end{aligned} \tag{13.7}$$

となる．$\displaystyle\sum_{k=m+1}^{n}\left(\frac{1}{2}\right)^{k-N+1}$ が等比級数であることに注意すると，定理 13.1 の証明における $S_N-S_N\,r$ と同じような計算により $\displaystyle\sum_{k=m+1}^{n}\left(\frac{1}{2}\right)^{k-N+1}\le\left(\frac{1}{2}\right)^{m-N+2}-\left(\frac{1}{2}\right)^{n-N+2}<\left(\frac{1}{2}\right)^{m-N+2}$ が得られる．$\displaystyle\lim_{m\to\infty}\left(\frac{1}{2}\right)^{m-N+2}=0$ であるので，任意の正数 ε に対して，$m\ge m_0$ のとき $\displaystyle\frac{d^{N-1}}{(N-1)!}\left(\frac{1}{2}\right)^{m-N+2}<\varepsilon$ となるような $m_0\ (\ge N)$ がとれる．ゆえに，(13.7) より，

[2] この定理では「e^x」ではなく，「$e(x)$」を使う．

$n > m \geq m_0$ のとき

$$|e_n(x) - e_m(x)| < \varepsilon$$

が成立する．したがって，$e_n(x)$ が基本列であることが示せた．基本列であれば収束列であることがわかっているから（補章の定理 18.2 を参照），$\lim_{n\to\infty} e_n(x)$ が存在することになる．

次に，$e(x)$ が微分可能な関数であることを示す．$e_n(x)$ は微分可能な関数であり，$e'_n(x) = e_{n-1}(x)$ である．d を上記の定数とし，$|x| \leq d-1$ と仮定して，常に $|x+h| \leq d$ であるようにしておく．$e_n(x)$ のテイラー展開（第 12 章の定理 12.2 ）より，$e_n(x+h) = e_n(x) + e_{n-1}(x)h + \frac{1}{2}\int_x^{x+h}(x+h-y)e_{n-2}(y)dy$ となる．$|e_{n-2}(y)| \leq \sum_{k=0}^{n-2}\frac{1}{k!}|y|^k \leq e(|y|) \leq e(d)$ が成立する．さらに $|x-y| \leq |h|$ のとき，$|x+h-y| \leq 2|h|$ であるから，$\left|\frac{1}{2h}\int_x^{x+h}(x+h-y)e_{n-2}(y)dy\right| \leq e(d)h^2$ となる．したがって，

$$\left|\frac{e_n(x+h) - e_n(x)}{h} - e_{n-1}(x)\right| = \left|\frac{1}{2}\int_x^{x+h}(x+h-y)e_{n-2}(y)dy\right| \leq e(d)|h|$$

が得られる．ここで，$e(d)$ が n によらないことに注意して，$n \to \infty$ とすると

$$\left|\frac{e(x+h) - e(x)}{h} - e(x)\right| \leq e(d)|h|$$

が成立する．ゆえに，$h \to 0$ のとき $\left|\frac{e(x+h) - e(x)}{h} - e(x)\right|$ は 0 に収束する．すなわち，$e(x)$ は微分可能であり，$e'(x) = e(x)$ である．

以上により，定理 13.2 が得られた．

（証明終わり）

(13.6) の収束の証明は，実は x が複素数であっても有効なものである．つまり，指数関数を複素数に拡張できるのである．そして，実数のときと同じ公式（指数法則など）がなりたつことがわかる．このように拡張することで，指数関数と三角関数の関係がわかってきたり（第 12 章のオイラーの公式 (12.8) を参照），微分方程式の解の表示を統一的なやり方で行うことができる（第 14, 15, 16 章の各第 2 節，第 17 章の第 1 節を参照）．

第 12 章で $\cos x$ や $\sin x$ のテイラー展開（マクローリン展開）を行った（(12.6) (12.7) を参照）．このとき，剰余項は展開の次数を大きくするとともに 0 に収束した．このことは $\cos x$ や $\sin x$ を e^x と同じように無限級数で定義できることを意味している．そして，この方が数学的に厳密な議論ができる．その意味で，$\cos x$ や $\sin x$ を微分方程式の解の表示関数に使うだけであれば，無限級数によるやり方の方が望ましいともいえる．

$e^x, \cos x, \sin x$ などのように，どんな関数であっても，x の次数が無限に大きくなっていく（しかも収束する）無限級数で表せるかというと，そうとは限らない．ここでは触れないが，このような無限級数で表せる関数は，解析関数と呼ばれる特別な関数であり，特徴的な性質をもっていることがわかっている．

章末問題

問題 13.1　無限級数

$$a_0 + a_1 + a_2 + \cdots$$

が収束するならば，$\lim_{n\to\infty} a_n = 0$ でなければならないことを示せ．

問題 13.2　無限級数

$$1 + \frac{1}{2} + \cdots + \frac{1}{n} + \cdots$$

が収束しない（部分和 S_n が基本列でない）ことを示せ（ヒント　$S_{2n} - S_n \geq \frac{1}{2}$ となることを示せ）．

問題 13.3　無限級数

$$1 + \frac{1}{2^{1+s}} + \cdots + \frac{1}{n^{1+s}} + \cdots \quad (s \text{ は正定数 })$$

が収束する（部分和 S_n が基本列である）ことを示せ（ヒント　$|S_n - S_m| \leq \int_m^n \frac{1}{x^{1+s}}dx$ $(m < n)$ を使え）．

問題 13.4　$\sin x$ のマクローリン展開は

$$\sin x = x - \frac{1}{3!}x^3 + \cdots + (-1)^{\frac{n-1}{2}}\frac{1}{n!}x^n + \cdots \quad (n \text{ は奇数})$$

である．$\sin x$ を上式の右辺（無限級数）で定義し（この無限級数が収束することを示し），$(\sin x)' = \cos x$ となることを示せ[3]（$\cos x$ も無限級数で定義するものとする）．

[3] どこまで厳密にいうかによってむずかしさが変わってくる．証明なしに何かを認めてもいいが，「何か」の内容を明示するようにせよ．

第 14 章

指数関数の拡張と解の表示

この章では，無限級数による指数関数の定義が，複素数や行列に対しても有効であることを示す．また，複素数に拡張された指数関数を使って，ある微分方程式の一般解が統一的な方法で表示できることを示したい．

14.1 指数関数の拡張

第 3 章ではマルサス方程式（(3.2) 参照）を，第 6 章では放射性物質の方程式（(6.2) 参照）などを考察した．これらの方程式は

$$\frac{du}{dx}(x) - ku(x) = 0 \tag{14.1}$$

という形をしており，この解は指数関数を使って，ce^{kx} という形で表せた．指数関数 e^x は無限級数で定義したが（第 13 章の定理 13.2 を参照），この定義は x を複素数に広げても有効である．このことを少し詳しく説明しよう．また，次の節では，複素数の指数関数を使って，(14.1) の方程式よりかなり一般的な微分方程式の一般解を表示してみる．

複素数 $z = x + iy$（x, y は実数）に対して $|z| = \sqrt{x^2 + y^2}$（これを z の**絶対値**と呼ぶ）とすると，z と $\tilde{z}$ の距離は $|z - \tilde{z}|$ で与えられる．この距離を使って，複素数に対して実数のときと同じ形式で収束に関する基本事項（収束列，基本列，無限級数の収束など）が導入できる．このことから，複素数 z に対して e^z が次のように，実数のときと同じ形で定義できる．

$$e^z = \lim_{n\to\infty}\left(1 + z + \frac{1}{2!}z^2 + \cdots + \frac{1}{n!}z^n\right).$$

さらに，この指数関数に対して

$$e^{z+\tilde{z}} = e^z e^{\tilde{z}} \qquad \text{（指数法則）}$$

がなりたつ．

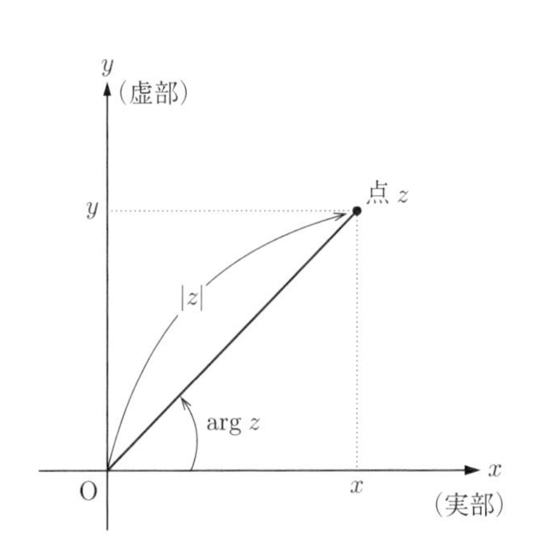

複素数 $z = x + iy$ において，x を z の**実部**と呼び $\mathrm{Re}\ z$ で表し，y を z の**虚部**と呼び $\mathrm{Im}\ z$ で表す．複素数 z に対して，座標平面（xy-平面）上に点 $(x, y)\ \big(= (\mathrm{Re}\ z,\ \mathrm{Im}\ z)\big)$ を対応させると，この対応は一対一になる．このような対応を考えている平

面を**複素数平面**（あるいは複素平面）と呼んでおり，点 (x, y) を単に点 z と書く．

z の絶対値 $|z|$ は，点 z と原点を結ぶ線分の長さに等しい．またこの線分と実軸（x-軸）の $x > 0$ の部分となす角を**偏角**と呼び，$\arg z$ などで表す．$|e^z| = e^{\mathrm{Re}\, z}$ であり，e^z の偏角は $\mathrm{Im}\ z$ である．これと同じ内容を意味するのだが，

$$e^z = e^{\mathrm{Re}\, z}\ \{\cos\ (\mathrm{Im}\ z) + i \sin\ (\mathrm{Im}\ z)\} \tag{14.2}$$

がなりたつ（指数法則とオイラーの等式[1]を使う）．微分方程式の解を実数より広い複素数で考え（次節参照），解が複素数平面上でどのようになっているかを調べることがしばしば行われる．

次節で行う「微分方程式の解の表示」に使う関数は，e^{zx} という形をしたものである．ここで x は実数値をとる変数であり，z は複素数の定数である．これまで関数の値は（暗黙に）実数としてきたが，この値が複素数であっても，極限などを複素数の意味にすれば，微分や積分がそのまま定義（拡張）できる．ただし，2 次元平面（xy-平面）上で描いていた「関数のグラフ」は考えられないので，この種のことは考えないことにする．e^{zx} について次の定理がなりたつ．

定理 14.1 x は実数の変数とし，z を複素数の定数とする．このとき，

$$|e^{zx}| = e^{(\mathrm{Re}\ z)x}$$

であって，次のことがなりたつ．

$$\mathrm{Re}\ z < 0 \text{ のとき } \lim_{x \to \infty} e^{zx} = 0, \tag{14.3}$$

$$\mathrm{Re}\ z = 0 \text{ のとき } e^{zx} = \cos\ (\mathrm{Im}\ z)x + i \sin\ (\mathrm{Im}\ z)x, \tag{14.4}$$

$$\mathrm{Re}\ z > 0 \text{ のとき } \lim_{x \to \infty} |e^{zx}| = \infty. \tag{14.5}$$

さらに，e^{zx} は微分可能であって，次の式がなりたつ．

$$(e^{zx})' = ze^{zx} \tag{14.6}$$

証明について 「$|e^{zx}| = e^{(\mathrm{Re}\ z)x}$」および (14.4) は (14.2) よりしたがう．(14.3) および (14.5) は $|e^{zx}| = e^{(\mathrm{Re}\ z)x}$ から導ける．また，(14.6) に関する性質は，第 13 章にある定理 13.2 の証明のアイデアを使うと得られる．証明は読者に任せたい．

指数関数の複素数への拡張と同じアイデアで，行列の指数関数が定義できる．このことに少し触れておきたい．以下で定義する行列の指数関数は，第 15～17 章で微分方程式の一般解を表示するときに使う．

以下では，行列はすべて正方行列（$n \times n$-行列）であるとする．行列 $X = (x_{ij})_{i,j=1,\ldots,n}$（$X$ の i 行 j 列成分が x_{ij} であるという意味）に対して，$\max\limits_{i,j=1,\ldots,n} |x_{ij}|$ を $\|X\|$ で表す[2]．**行列 X, Y の距離**を $\|X - Y\|$ で定義する．この $\|X - Y\|$ を使って行列内に，収束に関する基本事項（収束列，基本列など）が，実数や複素数のときと同じように導入できる．この

---

[1] 第 12 章の (12.8) 参照．

[2] $\max\limits_{i,j=1,\ldots,n} |x_{ij}|$ は，$i, j = 1, \ldots, n$ における $|x_{ij}|$ の最大値を表す

意味での収束は，実は，行列の各成分が収束することと同じ意味になっている．すなわち，$X^m = (x_{ij}^m)_{i,j=1,\dots,n}$, $X = (x_{ij})_{i,j=1,\dots,n}$ に対して，

「$\lim_{m\to\infty} \|X^m - X\| = 0$」と「(すべての i,j について) $\lim_{m\to\infty} x_{ij}^m = x_{ij}$」は同等である．

上記の収束の意味で指数関数 e^X を，実数のときと同じように

$$e^X = \lim_{n\to\infty}\left(I + X + \frac{1}{2!}X^2 + \cdots + \frac{1}{n!}X^n\right) \qquad (I\ \text{は単位行列}^3)$$

と定義する（この極限行列の存在については問題 14.1 を参照）．X と Y が交換可能（つまり $XY = YX$）のときは，指数の法則

$$e^{X+Y} = e^X e^Y$$

もなりたつことがわかっている．

14.2　（単独）一般線型微分方程式の解

この節では，複素数の指数関数を使って，一般的な次の（単独）線型微分方程式[4]の解を表示することを試みる．

$$a_n\frac{d^n u}{dx^n}(x) + a_{n-1}\frac{d^{n-1}u}{dx^{n-1}}(x) + \cdots + a_1\frac{du}{dx}(x) + a_0 u(x) = 0,\ -\infty < x < \infty. \tag{14.7}$$

ここで $a_n, a_{n-1}, \dots, a_0$ は定数である（複素数であってもよい）．第 3 章のマルサス方程式は $n = 1$, $a_1 = 1$, $a_0 = -k$ である．第 7 章にあるバネの振動現象（例 7.1 を参照）の方程式は $n = 2$, $a_2 = m$, $a_1 = 0$, $a_0 = k$，電流の振動現象（例 7.2 を参照）のときは $n = 2$, $a_2 = L$, $a_1 = 0$, $a_0 = \dfrac{1}{C}$ である．方程式 (14.7) に加えて，任意の複素数 $b_{n-1}, \cdots, b_1, b_0$（初期値）に対する初期条件

$$\frac{d^{n-1}u}{dx^{n-1}}(0) = b_{n-1},\ \cdots,\ \frac{du}{dx}(0) = b_1,\ u(0) = b_0 \tag{14.8}$$

を付ける．

第 7 章第 2 節において，振動の微分方程式の解を三角関数で表示してみた（定理 7.1 参照）．そのやり方は，形がよくわかっているいくつかの解（特殊解）をみつけて，その組み合わせ（1 次結合）で表示するというものであった．前節の定理 14.1 の (14.6) は，方程式 (14.7) について，特殊解を得る 1 つのアイデアを与えている．すなわち，(14.6) は「微分する」という操作が「z をかける」という操作と同じになる関数が存在することを示している．したがって，この z をうまく取ることで (14.7) の解となるようにできるのではないか，さらに，それを組み合わせることで一般的な解の表示が得られるのではないかということである．次の定理は，この方向で解の表示が得られることを示したものである．

---

[3] 対角成分が 1 で他の成分がで 0 ある行列

[4] 「方程式が連立でない」ということを強調したいとき「単独」ということばを付ける．また，「線型」は未知関数が 1 次式の形（積がない形）で入っていることを意味する．

定理 14.2　(14.7) の微分記号 $\dfrac{d^j u}{dx^j}$ を z^j に置き換えた z の代数方程式（これを**特性方程式**と呼ぶ）

(14.9)
$$a_n z^n + a_{n-1} z^{n-1} + \cdots + a_1 z + a_0 = 0$$

を考える．この n 次方程式が相異なる解 $z_0, z_1, \ldots, z_{n-1}$ をもつとする．このとき，初期条件 (14.8) をみたす方程式 (14.7) の解 $u(x)$ がただ 1 つ存在し，さらに，ただ 1 組の $c_0, \cdots, c_{n-1}$ が定まり，

(14.10)
$$u(x) = c_0 e^{z_0 x} + c_1 e^{z_1 x} + \cdots + c_{n-1} e^{z_{n-1} x}$$

と表せる[5]．(14.10) の右辺は (14.7) の一般解[6]になっている．

証明　(14.10) の右辺は (14.7) をみたす．なぜなら，z_k が (14.9) の解であることと定理 14.1 にある (14.6) より，$\left(a_n \dfrac{d^n}{dx^n} + \cdots + a_0\right)\left(\displaystyle\sum_{k=0}^{n-1} c_k e^{z_k x}\right) = \displaystyle\sum_{k=0}^{n-1} c_k (a_n z_k^n + \cdots + a_1 z_k + a_0) e^{z_k x} = 0$ となるからである．ここで，微分の線型性「$(f(x)+g(x))' = f'(x)+g'(x)$，$(cf(x))' = cf'(x)$」と方程式 (14.7) が線型であること（$u(x)$ が 1 次であること）を使っていることに注意しよう．

次に，任意の $b_{n-1}, \cdots, b_1, b_0$ に対して，$\displaystyle\sum_{k=0}^{n-1} c_k e^{z_k x}$ が初期条件 $\left.\dfrac{d^j}{dx^j} \displaystyle\sum_{k=0}^{n-1} c_k e^{z_k x}\right|_{x=0} = b_j$ $(j = 0, \ldots, n-1)$ をみたすように $c_0, \ldots, c_{n-1}$ がただ 1 組とれることを示す．$\left.\dfrac{d^j}{dx^j} e^{z_k x}\right|_{x=0} = z_k^j$ であるので，

$$\begin{cases} c_0 + c_1 + \cdots c_{n-1} = b_0, \\ z_0 c_0 + z_1 c_1 + \cdots z_{n-1} c_{n-1} = b_1, \\ \qquad \cdots \quad , \\ z_0^{n-1} c_0 + z_1^{n-1} c_1 + \cdots z_{n-1}^{n-1} c_{n-1} = b_{n-1} \end{cases}$$

となるような $c_0, \cdots, c_{n-1}$ がただ 1 組存在することを示すとよい．これを，行列を使って書くと

$$\begin{pmatrix} 1 & 1 & \cdots & 1 \\ z_0 & z_1 & \cdots & z_{n-1} \\ \vdots & \vdots & \cdots & \vdots \\ z_0^{n-1} & z_1^{n-1} & \cdots & z_{n-1}^{n-1} \end{pmatrix} \begin{pmatrix} c_0 \\ c_1 \\ \vdots \\ c_{n-1} \end{pmatrix} = \begin{pmatrix} b_0 \\ b_1 \\ \vdots \\ b_{n-1} \end{pmatrix}$$

となる．上式の行列 $(= A)$ はファンデルモンドの行列と呼ばれるもので，その行列式 $|A|$ は

$$|A| = (z_{n-1} - z_{n-2})(z_{n-1} - z_{n-3}) \cdots (z_i - z_j) \cdots (z_1 - z_0)$$

となることが知られている（上式の積は $n-1 \geq i > j \geq 0$ をみたすすべての i, j についてと

[5] 解の存在だけならば，(14.9) に関する条件なしに得られることがわかっている．
[6] 定数を（この定理では $c_0, \ldots, c_{n-1}$ を）調整することでどんな解をも表している解のこと．

る）．$z_0, z_1, \cdots, z_{n-1}$ は相異なるので，$|A| \neq 0$ となり，逆行列 A^{-1} が存在する．したがって，$c_0, \cdots, c_{n-1}$ は一意に定まり，

$$\begin{pmatrix} c_0 \\ c_1 \\ \vdots \\ c_{n-1} \end{pmatrix} = \begin{pmatrix} 1 & 1 & \cdots & 1 \\ z_0 & z_1 & \cdots & z_{n-1} \\ \vdots & \vdots & \cdots & \vdots \\ z_0^{n-1} & z_1^{n-1} & \cdots & z_{n-1}^{n-1} \end{pmatrix}^{-1} \begin{pmatrix} b_0 \\ b_1 \\ \vdots \\ b_{n-1} \end{pmatrix}$$

である．

以上のことより，方程式 (14.7) と (14.8) をみたす解が少なくとも1つ存在することが示せた．しかも，方程式 (14.7) については次の「解の一意性」がなりたつことがわかっているので，これが唯一の解である．「解の一意性」とは，「(14.7) の解 $u_1(x), u_2(x)$ について

$$\frac{d^{n-1}u_1}{dx^{n-1}}(0) = \frac{d^{n-1}u_2}{dx^{n-1}}(0),\ \cdots,\ \frac{du_1}{dx}(0) = \frac{du_2}{dx}(0),\ u_1(0) = u_2(0)$$

がなりたてば，すべての x に対して $u_1(x) = u_2(x)$ である（つまりは一致する）」ことである（詳しくは，第17章を参照）．

また，方程式 (14.7) の任意の解 $u(x)$ に対して，初期値 b_j を $b_j = \dfrac{d^j u}{dx^j}(0)$ $(j = 0, \ldots, n-1)$ としたときの解 $\displaystyle\sum_{k=0}^{n-1} c_k e^{z_k x}$ は，上記の「解の一意性」から $u(x)$ と一致する．ゆえに，$\displaystyle\sum_{k=0}^{n-1} c_k e^{z_k x}$ はすべての解を表示し得る一般解である．

（証明終わり）

定理14.2で示したように，代数方程式 (14.9) に虚数解が現れても（微分方程式の）解の表示が統一的に可能になる．しかし，実際の現象の解析においては実数の解について詳しく調べたいことが少なくない．そのような場合は，まず複素数の範囲で解を考え，その中から実数解を選ぶという発想をとる．しかも，現象を表す微分方程式は，多くの場合係数がすべて実数である．このような係数の場合には次の定理がなりたつ．

定理 14.3　微分方程式 (14.7) において係数 a_j はすべて実数であるとする．このとき，$u(x)$ が (14.7) の解ならば，$\mathrm{Re}\, u(x)$ も解になる．しかも，実数値の解はこのようなもの（つまり $\mathrm{Re}\, u(x)$）でつくせている．

証明は，章末の問題 14.2, 14.3 で読者に任せたい．

定理14.2を振動の方程式 $u''(x) + au(x) = 0$ $(a > 0)$ にあてはめてみよう．代数方程式は $z^2 + a = 0$ となるから $z_0 = i\sqrt{a}$, $z_1 = -i\sqrt{a}$ である．よって，初期条件 $u'(0) = b_1$, $u(0) = b_0$ に対する解を $u(x) = c_0 e^{z_0 x} + c_1 e^{z_0 x}$ とすると，$c_0 = \dfrac{1}{2}b_0 + \dfrac{1}{2i\sqrt{a}}b_1$, $c_1 = \dfrac{1}{2}b_1 - \dfrac{1}{2i\sqrt{a}}b_1$ と

なる（章末の問題 14.4 を参照）．したがって

$$\begin{aligned}u(x) &= e^{i\sqrt{a}x}\left(\frac{1}{2}b_0 + \frac{1}{2i\sqrt{a}}b_1\right) + e^{-i\sqrt{a}x}\left(\frac{1}{2}b_0 - \frac{1}{2i\sqrt{a}}b_1\right)\\ &= \frac{e^{i\sqrt{a}x} + e^{-i\sqrt{a}x}}{2}b_0 + \frac{e^{i\sqrt{a}x} - e^{-i\sqrt{a}x}}{2i\sqrt{a}}b_1\\ &= b_0\cos\sqrt{a}x + b_1\frac{1}{\sqrt{a}}\sin\sqrt{a}x\end{aligned}$$

となる．このように，（方程式 $u''(x) + au(x) = 0$ について）定理 14.2 にある解の表示は，以前求めた第 7 章の定理 7.1 のものと同じであったのである．ここでオイラーの等式が基礎な役割をはたしていることに留意しよう（第 12 章の (12.8) を参照）．

定理 14.2 は，空気抵抗を考慮したバネの振動方程式 $mu''(t) + bu'(t) + ku(t) = 0$（第 7 章の問題 7.1 を参照）に対して有用な解析手段を与えてくれる．方程式の $b\ (>0)$ は抵抗の大きさを表す定数であり，空気抵抗と限らなくてもよい．

例 14.1

微分方程式 $mu''(t) + bu'(t) + ku(t) = 0$（$m, b, k$ は正の定数）を考える．この方程式に定理 14.2 を適用すると，$mz^2 + bz + k = 0$ の解は $\dfrac{-b \pm \sqrt{b^2 - 4mk}}{2m}$ となるから，$u(t)$ は次のように表せる．

$$u(t) = c_0 e^{\frac{-b-\sqrt{b^2-4mk}}{2m}t} + c_1 e^{\frac{-b+\sqrt{b^2-4mk}}{2m}t}.$$

今，実数の解のみを考えることにする．定理 14.3 より，

$$\begin{aligned}\mathrm{Re}\ u(t) = (\mathrm{Re}\ c_0)\left(\mathrm{Re}\ e^{\frac{-b-\sqrt{b^2-4mk}}{2m}t}\right) + (\mathrm{Im}\ c_0)\left(\mathrm{Im}\ e^{\frac{-b-\sqrt{b^2-4mk}}{2m}t}\right)\\ +(\mathrm{Re}\ c_1)\left(\mathrm{Re}\ e^{\frac{-b+\sqrt{b^2-4mk}}{2m}t}\right) + (\mathrm{Im}\ c_1)\left(\mathrm{Im}\ e^{\frac{-b+\sqrt{b^2-4mk}}{2m}t}\right)\end{aligned}$$

についてみればよい．

$b^2 - 4mk < 0$ のとき（抵抗が小さいとき），$\mathrm{Im}\ \dfrac{-b \pm \sqrt{b^2 - 4mk}}{2m} = \pm\dfrac{\sqrt{4mk - b^2}}{2m} \neq 0$ であり，(14.2) より，

$$\mathrm{Re}\ e^{\frac{-b\pm\sqrt{b^2-4mk}}{2m}t} = e^{\frac{-b}{2m}t}\cos\alpha t,\ \mathrm{Im}\ e^{\frac{-b\pm\sqrt{b^2-4mk}}{2m}t} = \pm e^{\frac{-b}{2m}t}\sin\alpha t \qquad \left(\alpha = \frac{\sqrt{4mk - b^2}}{2m}\right)$$

となる．したがって，$t \to \infty$ のとき，$\mathrm{Re}\ u(t)$ は $\cos\alpha t, \sin\alpha t$ と同じ周期性で振動しながら，$e^{-\frac{b}{2m}t}$ と同じ率で減衰していく．

$b^2 - 4mk > 0$ [7]のとき（抵抗が大きいとき）は，$\mathrm{Re}\ \dfrac{-b \pm \sqrt{b^2 - 4mk}}{2m} < 0$ かつ $\mathrm{Im}\ \dfrac{-b \pm \sqrt{b^2 - 4mk}}{2m} = 0$ となる．したがって，この場合は振動することなしに，$t \to \infty$ のとき $\mathrm{Re}\ u(t)$ は指数関数的に減衰していく．

[7] $b^2 - 4mk = 0$ のときは定理 14.2 が使えない．

章末問題

問題 14.1　(1) $l \times l$-行列 X, Y に対して，次の不等式がなりたつことを示せ．

$$\|X+Y\| \leq \|X\| + \|Y\|, \qquad \|XY\| \leq l\|X\|\|Y\| \quad$$[8]

(2) $l \times l$-行列 X に対して，$S_n(X) = \displaystyle\sum_{k=0}^{n} \frac{1}{k!} X^k$ とおく．$\{S_n(X)\}_{n=1,2,\ldots}$ が基本列になることを示せ．

問題 14.2　微分方程式 $a_n \dfrac{d^n u}{dx^n}(x) + a_{n-1}\dfrac{d^{n-1}u}{dx^{n-1}}(x) + \cdots + a_1 \dfrac{du}{dx}(x) + a_0 u(x) = 0$ において係数 a_j はすべて実数とする．このとき，$u(x)$ が解ならば，$\mathrm{Re}\, u(x)$ も解になることを示せ．

問題 14.3　前問の微分方程式において，初期条件 $\dfrac{d^j u}{dx^j}(0) = b_j$ $(j = 0, \ldots, n-1)$ の初期値 b_j がすべて実数ならば，すべての x において $u(x)$ は実数であることを示せ．

問題 14.4　代数方程式 $z^2 + a = 0$ $(a > 0)$ の解を z_0, z_1 とする．方程式 $u''(x) + au(x) = 0$, $u'(0) = b_1$, $u(0) = b_0$ について，定理 14.2 にある解の表示を $u(x) = c_0 e^{z_0 x} + c_1 e^{z_1 x}$ とすると（$\mathrm{Im}\, z_0 > 0$ とする），$c_0 = \dfrac{1}{2} b_0 + \dfrac{1}{2i\sqrt{a}} b_1$, $c_1 = \dfrac{1}{2} b_0 - \dfrac{1}{2i\sqrt{a}} b_1$ となることを示せ．

[8] 行列 A $\left(= (a_{ij})_{i,j=1,\ldots,l}\right)$ に対して，$\|A\|$ は $|a_{ij}|$ の最大値を表す．

第 15 章

2 種の生物モデル

生物の個体数について，何か数式で表された法則（仮定）から出発して，数量的に分析しようとする試みがさかんに行われている．その数式は「生物（数理）モデル」などと呼ばれ，記述には微分方程式がよく使われる．第 3 章では，1 種のみの単純なものではあるが，基本的なマルサスの法則を取りあげた．この章（第 15 章）では，2 種の生物が互いに関係しあう場合を考えてみたい．また，ここで扱う量は個体数なので整数値のみのとびとびの値なのであるが，十分大きく連続量として扱えるとする（そう仮定する）．

15.1　ロトカ・ボルテラ方程式

マルサスの法則のもとでは，個体数はどこまでも指数関数的に増えていくことになる．現実の生物においてはこのようなことは起こらず，個体数には何か限界がある．しかしその場合でも，第 6 章の例 6.2 のように個体数が時間とともにその限界に収束していくときもあれば，ある範囲内で個体数が増えたり減ったり周期的に変化することもあるだろう．個体数が減ったり増えたりする原因としては，たとえば次のようにいくつか考えられる．

① 季節変動により繁殖期と死亡期が周期的にくる．

② 食料事情が周期的に変動する．

③ 病気か何かが周期的にまん延する．

④ 個体数の抑制要因が子どもの発生要因より遅れる．

⑤ 他の生物との相互作用（エサとして食われる等）がある．

以下において，⑤の場合で非常に単純化した状況を考え，生き物の相互関係を数式（微分方程式）で表示し，さらにその表示から個体数の周期性を導くことなどをやってみたい．この数式の立て方は，第 3 章や第 6 章（例 6.2）でやったように，増殖率が何に等しくなるかという発想のものである．増殖率とは「1 個体についての増加率（単位時間あたりの増加）」のことである．

今，ある湖の中に，小さい魚と大きい魚の 2 種がいるとする．大きい魚は小さい魚を食べることによって生きている．小さい魚は豊富なプランクトンをえさとしており，大きい魚がいなければ際限なく増えていくものとする．もう少し明確な言い方をして，この 2 種の魚について次のことがなりたっているとする．

(a) 小さい魚は，大きい魚がいなければ一定の増殖率で増えていく．

(b) 大きい魚がいると，小さい魚は大きい魚に食われ，上記の増殖率がマイナスされていく．そのマイナス量は大きい魚の密度[1]に比例している．

(c) 大きい魚は，小さい魚がいなければ一定の死亡率[2]で減っていく．

(d) 大きい魚は小さい魚をえさとしており，小さい魚がいるとその密度に比例した増殖率が得られる（死亡率がキャンセルされ，プラスになっていく）．

(b), (d) にある「密度に比例して」というのは状況によっては適当でないかもしれない．小さい魚と大きい魚との力の差が大きく，両者が出会えば小さい魚は大きい魚に食われてしまうという場合は，この仮定が適当と考えられる．相手に出会う確率は，相手の密度に比例していると思われるからである．

(a)∼(d) が支配法則だとすると，魚の個体数はどのような変動を示すのだろうか．小さい魚が増えると，大きい魚にとってはえさが増えるのであるから，少し遅れて大きい魚は増えていくだろう．しかし，大きい魚があまりに増えると，今度は小さい魚が食われすぎてやがて小さい魚は減っていき，少し遅れて大きい魚も減るであろう．そして，このようなことが繰り返されるのではないかと想像される．この想像を厳密な形で検証できないだろうかというのがそもそもの動機である．

時刻 t における小さい魚の個体数を $u(t)$ とし，大きい魚の個体数を $v(t)$ とする．まず，小さい魚の立場から考えてみよう．第 3 章でマルサス方程式を導いたときのことを思い出すと，(a) の状況は（$v(t) = 0$ として）次のように表現される．

$$\frac{u'(t)}{u(t)} = a \quad (a \text{ は正の定数 }).$$

これに (b) の仮定を加味すると，$\dfrac{u'(t)}{u(t)} = a - b'\left(\dfrac{v(t)}{S}\right)$（$b'$ は正の定数）という式が得られる（S は湖の面積）．ここで $b = \dfrac{b'}{S}$ とおくと，(a)(b) は

$$\frac{u'(t)}{u(t)} = a - bv(t) \tag{15.1}$$

と表される．

次に，大きい魚の立場から考えてみよう．(c) の状況は（$u(t) = 0$ として）次のように表現

[1] ここでいう密度とは，湖を上からみているとして，単位面積あたりの個体数である．

[2] 1 ぴきあたり単位時間あたりの個体数減．

される．

$$\frac{v'(t)}{v(t)} = -d \quad (d\text{ は正の定数 }).$$

これは放射性物質のとき（第 6 章を参照）のものと同じであることに注意しよう．上式に (d) の仮定を加味して，(c)(d) は

$$\frac{v'(t)}{v(t)} = -d + cu(t) \tag{15.2}$$

と表される．(15.1)(15.2) が求める方程式だが，普通は分母が 0 になっても気にしなくてもいいように次の方程式を使う．

$$\begin{cases} u'(t) = au(t) - bu(t)v(t), \\ v'(t) = -dv(t) + cu(t)v(t). \end{cases} \tag{15.3}$$

これは**ロトカ・ボルテラ方程式**と呼ばれている．

このロトカ・ボルテラ方程式をみたす $u(t), v(t)$ はどんなものかを調べたいのであるが，これまで扱ってきた振動の方程式と同じ手法を使うことはできない．それは方程式の中に積 $u(t)v(t)$ が入っているからである．一般に未知関数の 1 次式のみが現れる方程式を線型方程式と呼び，そうでないものを非線型方程式と呼んでいる．(15.3) や第 7 章の章末問題 7.2 にある微分方程式は非線型方程式の 1 種である．線型方程式については，第 14 章のときのように具体的に解析する手法がいろいろ得られている．非線型方程式については，いろいろなタイプがあり，共通的な手法があるわけではない．一般に，非線型方程式について何か解の特徴を数学的に証明するのはかなり難しい作業になる．しかし，解の様子を近似的に求めることは，コンピューターの発展によって比較的簡単にできるようになってきた．実用上は，近似解が計算できればそれでいいとも考えられるが，ものごとの確実な保証には数学的な証明が求められ，この証明があることは応用的な話をする場合でも大きな安心を与えることになる．

ロトカ・ボルテラ方程式 (15.3) については，$u(t), v(t)$ の具体的な表示はできないけれど，解はすべて周期関数になることがわかっている．その証明の概略を以下の補足 15.1 で示しておく．

補足 15.1

「ロトカ・ボルテラ方程式の解はすべて周期関数になる」ことの証明（の概略）を示しておこう．(15.1) の両辺に (15.2) の右辺を，また (15.2) の両辺に (15.1) の右辺をかけることで

$$\frac{u'(t)}{u(t)}(-d + cu(t)) = (a - bv(t))(-d + cu(t)),$$

$$\frac{v'(t)}{v(t)}(a - bv(t)) = (a - bv(t))(-d + cu(t))$$

が得られる．これら 2 式を引き算することで次の式がなりたつ．

$$a\frac{v'(t)}{v(t)} - bv'(t) + d\frac{u'(t)}{u(t)} - cu'(t) = 0$$

さらに，$\big(\log u(t)\big)' = \dfrac{u'(t)}{u(t)}$，$\big(\log v(t)\big)' = \dfrac{v'(t)}{v(t)}$ に注意すると，上式は

$$\frac{d}{dt}\big(d\log u(t) - cu(t) + a\log v(t) - bv(t)\big) = 0$$

となる．これは，t を動かしても $d\log u(t) - cu(t) + a\log v(t) - bv(t)$ は一定であることを意味している．

ここで t を動かしたとき，点 $(u(t), v(t))$ の軌跡（軌道）が xy-平面上でどうなるかを考えてみる．この軌跡上では

$$E(x,y) = d\log x - cx + a\log y - by$$

の値が一定であるということである．関数 $d\log x - cx$ のグラフは右図のようになる．$a\log y - by$ のグラフも同様である．さらに，それらの関数の最大値を与える $x = \dfrac{d}{c}$, $y = \dfrac{a}{b}$ を (15.3) の右辺に代入してみると（$u(t) = \dfrac{d}{c}$，$v(t) = \dfrac{a}{b}$ とすると），右辺は 0 になる．これは，定数 $u(t) = \dfrac{d}{c}$，$v(t) = \dfrac{a}{b}$ が (15.3) の解（**定常解**）であるということを意味している．定数は特殊な周期関数ともいえる．また，点 $\left(\dfrac{d}{c}, \dfrac{a}{b}\right)$ は $E(x,y)$ の最大値（E_0 とする）を与える点でもある．xyz-空間において，（$\alpha < E_0$ のとき）平面 $z = \alpha$ と曲面 $z = E(x,y)$ は接することなく交わっている．

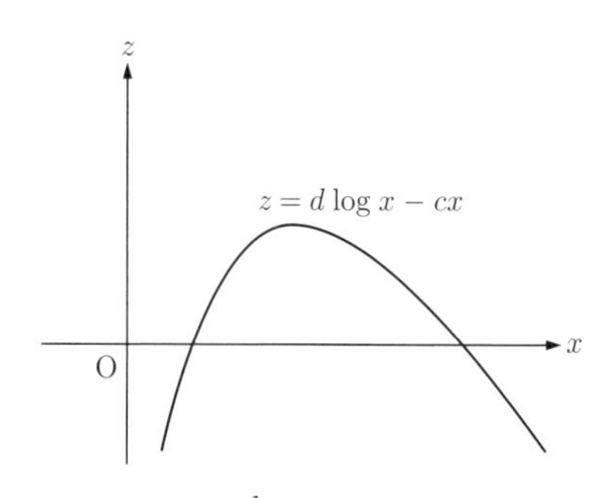

以上のことから $\{(x,y)|\ E(x,y) = \alpha\}$ は閉じた曲線を表すことがわかる．t が変化したとき点 $(u(t), v(t))$ は（この初期値 $(u(0), v(0))$ が $E(x,y)$ の最大点でなければ）この曲線上を止まることなく動くことになる．したがって，$u(T) = u(0)$ かつ $v(T) = v(0)$ となるような定数 T が存在する．$\tilde{u}(t) = u(t+T), \tilde{v}(t) = v(t+T)$ とおけば，$\tilde{u}(t), \tilde{v}(t)$ は (15.3) の解になり，しかも $\tilde{u}(0) = u(0), \tilde{v}(0) = v(0)$ である．ロトカ・ボルテラ方程式に対して解の一意性がなりたつことがわかっているから，すべての t に対して $\tilde{u}(t) = u(t), \tilde{v}(t) = v(t)$ である．つまり，$u(t) = u(t+T), v(t) = v(t+T)$ となり，$u(t), v(t)$ は周期関数である．

15.2　線型方程式のモデル

前節のロトカ・ボルテラ方程式は，2種の魚の力の差が圧倒的に違っているモデルであった．力の差があまりない2種の魚（VとWとする）がいるときはどんなモデルにすればいいだろうか．今，VはWに食われるが，サイズはそう違わず，攻撃されてもある程度逃げてしまうとする．このとき，WによるVの死亡率の増加はどのように表せばいいだろうか．V 1ぴきに対してWの個体数が2倍3倍となっていくと，Vの死亡率は2倍3倍となっていくように思える．またWの側からみると，W 1ぴきについてVが何びきいるかでエサを得る確率が決まると思える．そこで，前節でおいた (b),(d) の代わりに次のことを仮定してみる．

(b′) 魚Vは，魚Wがいると，V 1ぴきあたりのWの個体数に比例した確率で食われ，

増殖率が削減されていく.

(d′) 魚 W は, 魚 V をエサとしており, V がいると W 1 ぴきあたりの V の個体数に比例して増殖率が増加する (死亡率がキャンセルされ, プラスになっていく).

時刻 t における魚 V と魚 W の個体数をそれぞれ $v(t), w(t)$ とする. 上記の (b′)(d′) と前節の (a)(c) が支配法則だとすると, 次の方程式が得られる.

$$
(15.4) \qquad \begin{cases} \dfrac{v'(t)}{v(t)} = a - b\dfrac{w(t)}{v(t)} & (a, b \text{ は正の定数 }), \\[2ex] \dfrac{w'(t)}{w(t)} = -d + c\dfrac{v(t)}{w(t)} & (c, d \text{ は正の定数 }). \end{cases}
$$

この方程式は, 前節で考えたロトカ・ボルテラ方程式と違って, 線型方程式になる. 行列 A と列ベクトル $U(t)$ を

$$
A = \begin{pmatrix} a & -b \\ c & -d \end{pmatrix}, \quad U(t) = \begin{pmatrix} v(t) \\ w(t) \end{pmatrix}
$$

とおき, $U(t)$ の微分を $U'(t) = \lim_{h \to 0} \frac{1}{h}\{U(t+h) - U(t)\}$ で定義する. $U'(t)$ について

$$
U'(t) = \begin{pmatrix} v'(t) \\ w'(t) \end{pmatrix}
$$

が成立するから, (15.4) は次のように書きなおせる.

$$
(15.5) \qquad U'(t) = AU(t).
$$

実は, この方程式はロトカ・ボルテラ方程式よりずっと扱いやすいものなのである. 何よりも注目したいことは, 第 3 章で考えたマルサス方程式 $N'(t) = kN(t)$ と同じ形をしていることである. マルサス方程式の解は $e^{kt}N_0$ と表された. ここで第 14 章で定義した行列の指数関数 e^X を導入すると, マルサス方程式のときと同じように, (15.5) の解は指数関数を使って表せるように思われる. 実際, $t = 0$ のときの $U(t)$ の値 (初期値) を U_0 とすると, 次のことが成立する.

(15.6) $\qquad e^{tA}U_0$ は微分可能であり, (15.5) および $U(0) = U_0$ をみたす.

これは, $\dfrac{d}{dt}\left\{\lim_{n\to\infty}\left(I + tA + \cdots + \dfrac{t^n}{n!}A^n\right)U_0\right\} = \lim_{n\to\infty}\dfrac{d}{dt}\left(I + tA + \cdots + \dfrac{t^n}{n!}A^n\right)U_0$ となる[3]から, 明らかなように思える. しかし, 証明を与えようとすると単純にはいかない. なぜなら, $\dfrac{d}{dt}$ と $\lim_{n\to\infty}$ とが交換できることは自明ではないのである. ここではこのことは認めることにして, 厳密な証明は第 17 章でもっと一般的な方程式に対して行うことにする. また, (15.5) および $U(0) = U_0$ をみたす解は $e^{tA}U_0$ 以外にはないのだろうかという疑問もわくが, これ以外にはないこと (解の一意性) もわかっている (第 17 章の定理 17.3 を参照).

---

[3] e^{tA} は $\lim_{n\to\infty}\left(I + tA + \cdots + \dfrac{t^n}{n!}A^n\right)$ で定義されることに注意せよ (第 14 章第 1 節を参照).

線型方程式の生物モデルであって上記のものとは違うものを考えてみたい．今，共生関係にある2種の生物V, Wがいるとし，単独では一定の死亡率で減っていくものとする．V, Wの時刻 t における個体数を $v(t), w(t)$ とすると，$v(t), w(t)$ はどのような方程式をみたすだろうか．上述のモデルを参考にして，次の $(\tilde{a})$〜$(\tilde{d})$ を仮定してみる．

$(\tilde{a})$ VはWがいなければ一定の死亡率 a で減っていく．

$(\tilde{b})$ Wがいると，Vについて，V 1ぴきあたりのWの個体数に比例した（正の）量が増殖率に加わる．

$(\tilde{c})$ WはVがいなければ一定の死亡率 d で減っていく．

$(\tilde{d})$ Vがいると，Wについて，W 1ぴきあたりのVの個体数に比例した（正の）量が増殖率に加わる．

この $(\tilde{a})$〜$(\tilde{d})$ を，$v(t), w(t)$ の微分方程式で表すと

$$
(15.7)\qquad \begin{cases} \dfrac{v'(t)}{v(t)} = -a + b\dfrac{w(t)}{v(t)}, \\[2ex] \dfrac{w'(t)}{w(t)} = -d + c\dfrac{v(t)}{w(t)} \quad (a, b, c, d \text{ は正の定数}) \end{cases}
$$

となる．さらに，

$$
A = \begin{pmatrix} -a & b \\ c & -d \end{pmatrix}, \quad U(t) = \begin{pmatrix} u(t) \\ v(t) \end{pmatrix}
$$

とおくと，上の微分方程式は，

$$
(15.8)\qquad U'(t) = AU(t)
$$

とかける．したがって，(15.6) にあるように，解は $e^{tA}U_0$ と表せる．

この生物モデルにおいて，

(15.9)　　共生関係があればこそ生存できている

というようなことが，微分方程式 (15.8) の解析によって導きだせないかと期待される．以下の補足15.2でこのことを試みてみる．

補足 15.2

(15.9) について考えるためには，解の表示について $e^{tA}U_0$ より詳しいものが必要になる．ここでは，線型代数の手法を使ってそれをやってみたい．

実数（または複素数）z に対して

$$
(15.10)\qquad AE = zE \ \text{ かつ } \ E \neq 0
$$

となるような列ベクトル E が存在したとする．この z を A の**固有値**，E を**固有ベクトル**と呼ぶ．$e^{tA}E = e^{zt}E$ となるので，$e^{zt}E$ は (15.8) の解である．(15.10) の E が存在するのは，

$A-zI$ の行列式 $|A-zI|$ が 0 になるときであり，$|A-zI|=0$ は z の 2 次方程式である．この 2 次方程式の解を z_1, z_2 とし，それらに対応する固有ベクトル E_1, E_2 を取り固定する．

任意定数 c_1, c_2 に対して

$$(15.11) \qquad c_1 e^{z_1 t} E_1 + c_2 e^{z_2 t} E_2 \quad \left(= (e^{z_1 t} E_1, e^{z_2 t} E_2) \begin{pmatrix} c_1 \\ c_2 \end{pmatrix} \right)$$

という形の（ベクトル値）関数を考えると，これは (15.8) の解になる．$z_1 \neq z_2$ ならば，c_1, c_2 をいろいろに変えたとき，(15.11) が (15.8) の解のすべてをつくすことがわかっている．したがって，(15.11) は一般的な解の表示としていいことになる．この (15.11) の形は第 14 章で得た表示 (14.10) によく似たものであることに注意しよう．$t=0$ のときの値が U_0 となるには，c_1, c_2 を $\begin{pmatrix} c_1 \\ c_2 \end{pmatrix} = \bigl(E_1, E_2\bigr)^{-1} U_0$ と取ればよい．

(15.7) において，a, d は共生関係が働かないときの死亡率であり，b, c は共生関係によって得られる（単位）増殖率である．したがって

$$(15.12) \qquad a > b \text{ かつ } d > c \text{ ならば } \lim_{t\to\infty} v(t) = \lim_{t\to\infty} w(t) = 0$$

ではないかと思える．このことが，以下で示すように，固有値 z_1, z_2 を具体的に調べることで確認できる．z_1, z_2 は，2 次方程式

$$z^2 + (a+d)z + ad - bc = 0$$

の解である．この判別式は $(a+d)^2 - 4ad + 4bc = (a-d)^2 + 4bc$ となるから，z_1, z_2 は常に相異なる実数である．$f(z) = z^2 + (a+d)z + ad - bc$ のグラフは直線 $z = -\dfrac{a+d}{2}$ に関して対称であり，$a > b$ かつ $d > c$ のときは $f(0) > 0$ となっている（右図参照）．よって，$z_1 < 0$, $z_2 < 0$ である．したがって，(15.11) は，c_1, c_2 が何であっても，$t \to \infty$ のとき 0 に収束する．ゆえに (15.12) が成立する．

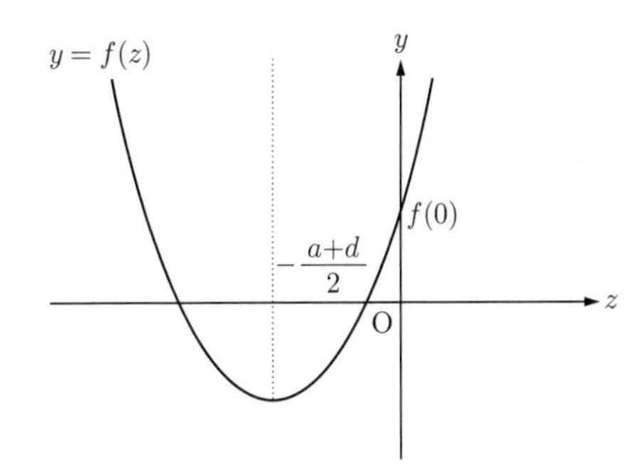

次に共生関係の働きが大きいときを考えよう．このためには解の表示をいっそう詳しく調べないといけない．議論をみやすくするために $a=d=1$, $b=c$ とする．このときは，$b<1$ が上述のすでに調べた場合である．今，$b>1$ を仮定しよう．

$$z_1 = -1-b, \quad z_2 = -1+b \quad (z_1 < z_2 \text{とする})$$

となる．さらに，それぞれに対応する固有ベクトル E_1, E_2 は

$$E_1 = \begin{pmatrix} 1 \\ -1 \end{pmatrix}, \quad E_2 = \begin{pmatrix} 1 \\ 1 \end{pmatrix}$$

とできる．したがって，(15.11) は次のようになる．

$$c_1 e^{z_1 t} E_1 + c_2 e^{z_2 t} E_2 = \begin{pmatrix} c_1 e^{(-1-b)t} + c_2 e^{(-1+b)t} \\ -c_1 e^{(-1-b)t} + c_2 e^{(-1+b)t} \end{pmatrix}. \tag{15.13}$$

この $t=0$ のときの値（初期値）は正でないと意味がないので

$$c_1 + c_2 > 0 \text{ かつ } c_2 - c_1 > 0 \tag{15.14}$$

でなければならない．これがなりたっていれば，$\pm c_1 > -c_2$ が得られる．これより，$c_2 > 0$ であり，(15.13) の各成分 $\pm c_1 e^{(-1-b)t} + c_2 e^{(-1+b)t}$ について

$$\pm c_1 e^{(-1-b)t} + c_2 e^{(-1+b)t} > -c_2 e^{(-1-b)t} + c_2 e^{(-1+b)t} > c_2 (e^{(-1+b)t} - 1)$$

がなりたつ．したがって，$1 < b$ ならば，$t \geq 0$ においての各成分は常に正であり，しかも $t \to \infty$ のとき ∞ になっていく．

ゆえに，時間とともに個体数が増えていくことがわかった．しかし，現実の個体数では ∞ になっていくことはないので，もう少し現実に合わせるべきかもしれない．そのためには，ロジスティック方程式のとき（第 6 章例 6.2 を参照）のように，方程式 (15.7) において個体数に限界があることの制約を入れ込むとよいのだが，そうすると上記のような具体的な解の表示は得られなくなってしまう．

章末問題

問題 15.1　$u(t), v(t)$ をロトカ・ボルテラ方程式 (15.3) の解とする．$t = t_0$ で $u(t)$ は最大値をとるとし，$u''(t_0) \neq 0$ とする．このとき，$v(t)$ は $t = t_0$ の周辺で増加していることを示せ．

問題 15.2　次のような 2 種の生物がいるとする．どちらも，単独では一定の増殖率で増えていくが，他種がいると，1 ぴきあたりの他種の個体数に比例した量で増殖率が削減される．これを表す微分方程式をつくれ．

問題 15.3　問題 15.2 において，単独のときの増殖率は同一の定数 a であるとし，他種がいるときの「1 ぴきあたりの他種の個体数に比例した量」に関する比例定数がともに $b\ (> 0)$ であるとする．$a > b$ ならば，少なくともどちらかの個体数は増加していくことを示せ．

問題 15.4　問題 15.3 において，$a < b$ とすると，個体数はどちらも減少していくことを示せ．

第 16 章

連立の振動方程式

この章では，2 つのおもりがバネで連結されて振動している現象を考えてみたい．この現象は連立の微分方程式で表される．さらに，その解を行列の関数を使って表示してみる．

16.1 連接バネの振動現象

第 7 章でバネにおもりをつり下げたときの振動現象について考察した．このおもりとバネを 2 つにしたとき（右図参照）どのような現象が起こるだろうか．これまでやってきたように，この現象を微分方程式を通して解析してみる．

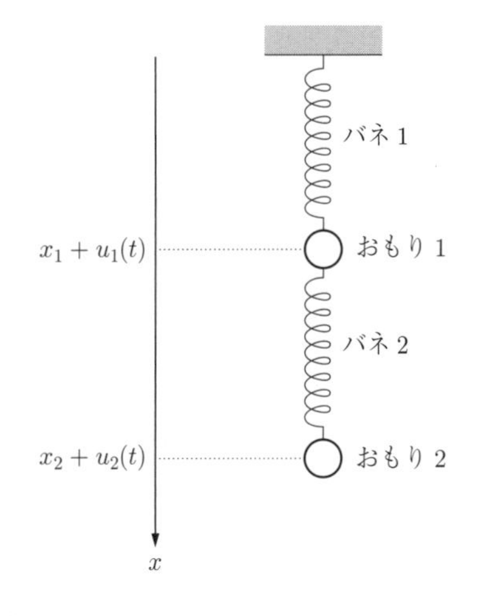

右図のように，2 つのおもり（「おもり 1」と「おもり 2」）が 2 つのバネ（「バネ 1」と「バネ 2」）でつながれているとする．おもり 1 とおもり 2 の質量はそれぞれ m_1, m_2 であり，バネ 1 とバネ 2 のバネ定数はそれぞれ k_1, k_2 であるとする．振動は微小な上下運動であるとし，空気抵抗やバネ自身の質量は無視できるものとする．おもりの位置は鉛直下向きの座標（x-軸）で数量化する．

おもり 1 が $x = l_1$ にあるときバネ 1 のノビは 0 であるとする．また，おもり 1 とおもり 2 がそれぞれ $x = y_1$, $x = y_2$ にあるとして，$y_2 - y_1 = l_2$ のときバネ 2 のノビは 0 であるとする．さらに，おもりが静止しているときの位置をそれぞれ $x = x_1$, $x = x_2$ とする．

おもりが振動しているとき，時刻 t におけるおもりの位置はそれぞれ $x = x_1 + u_1(t)$, $x = x_2 + u_2(t)$ であるとする．$u_1(t), u_2(t)$ のみたす微分方程式を導いてみよう．基本となる支配法則は，おもりが 1 個のときと同じで，ニュートンの運動法則，重力の法則，バネの法則（フックの法則）である．これらの法則に支配されているとして，$u_1(t), u_2(t)$ の微分方程式を求めようということである．

まず，おもり 1 に注目する．このおもりに加わる力は，重力，バネ 1 からの力およびバネ 2

からの力である．重力の大きさは $m_1 g$ である．バネ1のノビは $(x_1+u_1(t))-l_1$ である．バネ2のノビは $(x_2+u_2(t))-(x_1+u_1(t))-l_2$ である．したがって，おもりに加わる合力は（鉛直下向きを正として）

$$m_1 g - k_1\{(x_1+u_1(t))-l_1\}+k_2\{(x_2+u_2(t))-(x_1+u_1(t))-l_2)\}$$

である[1]．静止しているときは（すなわち常に $u_1(t)=0$，$u_2(t)=0$ のとき），合力は0であるので $m_1 g - k_1(x_1-l_1)+k_2(x_2-x_1-l_2)=0$ でなければならない．したがって，結局合力は

$$-(k_1+k_2)u_1(t)+k_2u_2(t)$$

である．おもりの加速度は $u''(t)$ であるから，ニュートンの第2運動法則より

$$m_1 u_1''(t) = -(k_1+k_2)u_1(t)+k_2u_2(t) \tag{16.1}$$

が成立する．

次に，おもり2に注目する．このおもりに加わる力は，重力とバネ2からの力である．重力の大きさは $m_2 g$ である．バネ2のノビは $(x_2+u_2(t))-(x_1+u_1(t))-l_2$ であるから，バネ2からの力は $-k_2\{(x_2+u_2(t))-(x_1+u_1(t))-l_2\}$ である．したがって，おもり1のときと同様に考えて，

$$m_2 u_2''(t) = k_2(u_1(t)-u_2(t)) \tag{16.2}$$

が成立する．

以上のことから，$u_1(t), u_2(t)$ は（連立）微分方程式 (16.1) と (16.2) をみたすことがわかった．次はこの方程式をみたす $u_1(t), u_2(t)$ はどんなものかを数学的に究明することになる．(16.1) と (16.2) は行列を使って次のように書きかえることができる．

$$\begin{pmatrix} u_1''(t) \\ u_2''(t) \end{pmatrix} = \begin{pmatrix} -\frac{k_1+k_2}{m_1} & \frac{k_2}{m_1} \\ \frac{k_2}{m_2} & -\frac{k_2}{m_2} \end{pmatrix} \begin{pmatrix} u_1(t) \\ u_2(t) \end{pmatrix}$$

次節でこの方程式の解について詳しく検討してみたい．

16.2　行列の関数による解の表示

前節でバネでつながれた2つのおもりの振動について考えた．この現象は次の微分方程式で表される．

$$\begin{pmatrix} u_1''(t) \\ u_2''(t) \end{pmatrix} = \begin{pmatrix} -\frac{k_1+k_2}{m_1} & \frac{k_2}{m_1} \\ \frac{k_2}{m_2} & -\frac{k_2}{m_2} \end{pmatrix} \begin{pmatrix} u_1(t) \\ u_2(t) \end{pmatrix}$$

ここで，$u_1(t)$，$u_2(t)$ は，2つのおもりそれぞれの位置を表す座標（の振動成分）である．行列 A とベクトル $\boldsymbol{u}(t)$ を

$$A = \begin{pmatrix} \frac{k_1+k_2}{m_1} & -\frac{k_2}{m_1} \\ -\frac{k_2}{m_2} & \frac{k_2}{m_2} \end{pmatrix}, \quad \boldsymbol{u}(t) = \begin{pmatrix} u_1(t) \\ u_2(t) \end{pmatrix}$$

[1] ここで，力の正の向きを $x>0$ の向きに合わせていることに注意せよ．

とおき，上の方程式を書きかえると次のようになる．

(16.3) $$\boldsymbol{u}''(t) = -A\boldsymbol{u}(t).$$

本節では，この方程式の解を表示することについて考察してみたい．このアイデアとして，これまでやってきたことから，次の 2 つが考えられる．

(I) おもり 1 個の振動方程式に対する三角関数による表示[2]を行列版に拡張する．

(II) A の固有値と固有ベクトルを使った特殊解の線型結合で表す[3]．

まず (I) の方向で解の表示を考えてみたい．（第 7 章の）おもり 1 個のときの方程式は次の形をしていた．

(16.4) $$u''(t) = -au(t) \quad (a \text{ は正定数 }).$$

この方程式の一般解[4]は

(16.5) $$u(t) = c_1 \cos a^{\frac{1}{2}} t \ + \ c_2\, a^{-\frac{1}{2}} \sin a^{\frac{1}{2}} t \qquad (c_1, c_2 \text{ は任意定数 })$$

と表せる．方程式 (16.3) は (16.4) とよく似た形をしている．このことから，行列 A に対して $A^{\frac{1}{2}}$ をうまく定義し，さらに，行列 X の $\cos X, \sin X$ を，e^X のときのように無限級数で定めれば，(16.3) の解が (16.5) のように $\cos tA^{\frac{1}{2}}, \sin tA^{\frac{1}{2}}$ を使って表せるのではないかと思える．その際，$A^{\frac{1}{2}}$ の形ができるだけ具体的に計算できることを期待したい．

このような思いが，未知関数を $\tilde{u}_2(t) = \sqrt{\dfrac{m_2}{m_1}} u_2(t)$ と変換し，方程式 (16.3) を $\tilde{\boldsymbol{u}}(t) = \begin{pmatrix} u_1(t) \\ \tilde{u}_2(t) \end{pmatrix}$ の方程式に書き換えると実現できる．すなわち，$\tilde{\boldsymbol{u}}(t)$ の方程式は

(16.6) $$\tilde{\boldsymbol{u}}''(t) = -\tilde{A}\tilde{\boldsymbol{u}}(t), \qquad \tilde{A} = \begin{pmatrix} \frac{k_1+k_2}{m_1} & -\frac{k_2}{\sqrt{m_1 m_2}} \\ -\frac{k_2}{\sqrt{m_1 m_2}} & \frac{k_2}{m_2} \end{pmatrix}$$

となり，この $\tilde{A}$ について $\tilde{A}^{\pm\frac{1}{2}}$ が具体的につくれて，一般解が

(16.7) $$\tilde{\boldsymbol{u}}(t) = (\cos t\tilde{A}^{\frac{1}{2}})\tilde{\boldsymbol{u}}_0 \ + \ \tilde{A}^{-\frac{1}{2}}(\sin t\tilde{A}^{\frac{1}{2}})\tilde{\boldsymbol{u}}_1 \quad (\tilde{\boldsymbol{u}}_0, \tilde{\boldsymbol{u}}_1 \text{ は任意のベクトル })$$

と書けるのである．詳しくは，補足 16.1 で説明したい．

次に，(II) の方向で解の表示を考えてみよう．α が A の固有値であるとは，$A\boldsymbol{u}_0 = \alpha\boldsymbol{u}_0$ かつ $\boldsymbol{u}_0 \neq 0$ となる $\boldsymbol{u}_0$ が存在するときをいう．さらに，このような α は $|A - \alpha I| = 0$ の解である．ここで $I = \begin{pmatrix} 1 & 0 \\ 0 & 1 \end{pmatrix}$ であり，$|A - \alpha I|$ は $A - \alpha I$ の行列式である．一般に正方行列の固有値が相異なるならば，それぞれの固有ベクトルは **1 次独立**[5]（線型独立）になることに注意

[2] 第 7 章の定理 7.1 を参照．
[3] 第 15 章 補足 15.2 の (15.11) におけるやり方と同じである．
[4] 任意定数を含んでおり，それを調整することでどんな解をも表せるような解のこと．
[5] ベクトル $\boldsymbol{v}_1, \ldots, \boldsymbol{v}_n$ が 1 次独立であるとは，「$c_1\boldsymbol{v}_1 + \cdots + c_n\boldsymbol{v}_n = 0$ が $c_1 = \cdots = c_n = 0$ のときに限られる」ときをいう．

しよう（後で使う）．

今，$\boldsymbol{u}(t) = e^{zt}\boldsymbol{u}_0$ ($\boldsymbol{u}_0 \neq 0$) が方程式 (16.3) をみたすとすると，

$$(A + z^2 I)\boldsymbol{u}_0 = 0$$

が成立する．これは，$-z^2$ が A の固有値になっていることを意味する．$|A + z^2 I| = 0$ を計算すると次のようになる．

$$z^4 + \left(\frac{k_1 + k_2}{m_1} + \frac{k_2}{m_2}\right) z^2 + \frac{k_1 k_2}{m_1 m_2} = 0.$$

これを z^2 について解くと，解は

$$z^2 = \frac{1}{2}\left\{-\frac{k_1 + k_2}{m_1} - \frac{k_2}{m_2} \pm \sqrt{\left(\frac{k_1 + k_2}{m_1} + \frac{k_2}{m_2}\right)^2 - 4\frac{k_1 k_2}{m_1 m_2}}\right\} \quad (= -\alpha_\mp \text{とおく})$$

となる．これらは相異なり，すべて負である（$\alpha_\pm > 0$ である）．この固有ベクトルをそれぞれ $\boldsymbol{u}_0^+, \boldsymbol{u}_0^-$ とする．さらに，$z^2 = -\alpha_\pm$ をみたす z は $\pm i\sqrt{\alpha_+}, \pm i\sqrt{\alpha_-}$ である．以上のことから，

$$e^{\pm i\sqrt{\alpha_+}t}\boldsymbol{u}_0^+,\ e^{\pm i\sqrt{\alpha_-}t}\boldsymbol{u}_0^-$$

が解（特殊解）になることがわかった．次のとおり，これらを使って一般解をつくることができる．

定理 16.1　A の固有値を α_+, α_- とし，それぞれの固有ベクトル $\boldsymbol{u}_0^+, \boldsymbol{u}_0^-$ を取る．任意の定数 $c_1^+, c_2^+, c_1^-, c_2^-$ に対して

(16.8)
$$c_1^+ e^{+i\sqrt{\alpha_+}t}\boldsymbol{u}_0^+ + c_2^+ e^{-i\sqrt{\alpha_+}t}\boldsymbol{u}_0^+ + c_1^- e^{+i\sqrt{\alpha_-}t}\boldsymbol{u}_0^- + c_2^- e^{-i\sqrt{\alpha_-}t}\boldsymbol{u}_0^-$$

を考えると，これは (16.3) の一般解になっている（つまり，(16.3) のどんな解をも表示し得る）．

証明　まず (16.3) について次の「解の一意性」(16.9) が成り立つことを認めよう（証明は，第17章第2節および章末の問題 17.1 を参照）．(16.3) の解 $\boldsymbol{u}_1(t), \boldsymbol{u}_2(t)$ について

(16.9)　$\boldsymbol{u}_1(0) = \boldsymbol{u}_2(0)$ かつ $\boldsymbol{u}_1'(0) = \boldsymbol{u}_2'(0)$（すなわち初期値が同じ）ならば，
すべての t に対して $\boldsymbol{u}_1(t) = \boldsymbol{u}_2(t)$ である（一致する）．

各 $e^{+i\sqrt{\alpha_+}t}\boldsymbol{u}_0^+, e^{-i\sqrt{\alpha_+}t}\boldsymbol{u}_0^+, e^{+i\sqrt{\alpha_-}t}\boldsymbol{u}_0^-, e^{-i\sqrt{\alpha_-}t}\boldsymbol{u}_0^-$ は (16.3) の解になるから，それらの線型結合である (16.8) はまた解である．したがって，上記の (16.9) より，任意の解 $\boldsymbol{u}(t)$ に対して初期値が一致するように $c_1^+, c_2^+, c_1^-, c_2^-$ が選べれば，そのときの (16.8) は $\boldsymbol{u}(t)$ の表示式となっている．この「初期値の一致」のあるなしは，任意の定ベクトル $\boldsymbol{u}_0, \boldsymbol{u}_1$ に対して，次の連

立1次方程式をみたす $c_1^+, c_2^+, c_1^-, c_2^-$ が存在するか否かということである.

$$
\text{(16.10)} \qquad \begin{pmatrix} \boldsymbol{u}_0^+ & \boldsymbol{u}_0^+ & \boldsymbol{u}_0^- & \boldsymbol{u}_0^- \\ i\sqrt{\alpha_+}\boldsymbol{u}_0^+ & -i\sqrt{\alpha_+}\boldsymbol{u}_0^+ & i\sqrt{\alpha_-}\boldsymbol{u}_0^- & -i\sqrt{\alpha_-}\boldsymbol{u}_0^- \end{pmatrix} \begin{pmatrix} c_1^+ \\ c_2^+ \\ c_1^- \\ c_2^- \end{pmatrix} = \begin{pmatrix} \boldsymbol{u}_0 \\ \boldsymbol{u}_1 \end{pmatrix}.
$$

これを調べるには，上記の行列を構成する4つの列ベクトルが1次独立（前ページの脚注参照）かどうかをみればよい．1次独立であればこの行列は逆行列をもつことになり，唯1つ解が存在することになる．

$$
c_1 \begin{pmatrix} \boldsymbol{u}_0^+ \\ i\sqrt{\alpha_+}\boldsymbol{u}_0^+ \end{pmatrix} + c_2 \begin{pmatrix} \boldsymbol{u}_0^+ \\ -i\sqrt{\alpha_+}\boldsymbol{u}_0^+ \end{pmatrix} + c_3 \begin{pmatrix} \boldsymbol{u}_0^- \\ i\sqrt{\alpha_+}\boldsymbol{u}_0^- \end{pmatrix} + c_4 \begin{pmatrix} \boldsymbol{u}_0^- \\ -i\sqrt{\alpha_+}\boldsymbol{u}_0^- \end{pmatrix} = \boldsymbol{0}
$$

であるとする．これより，$(c_1+c_2)\boldsymbol{u}_0^+ + (c_3+c_4)\boldsymbol{u}_0^- = \boldsymbol{0}$ かつ $(c_1-c_2)i\sqrt{\alpha_+}\boldsymbol{u}_0^+ + (c_3-c_4)i\sqrt{\alpha_-}\boldsymbol{u}_0^- = \boldsymbol{0}$ である．$\boldsymbol{u}_0^+, \boldsymbol{u}_0^-$ は相異なる固有値の固有ベクトルであるから1次独立である．したがって，$(c_1+c_2) = (c_3+c_4) = 0$ かつ $(c_1-c_2)i\sqrt{\alpha_+} = (c_3-c_4)i\sqrt{\alpha_-} = 0$ である．このことから $c_1 = c_2 = c_3 = c_4 = 0$ がいえる．ゆえに，連立1次方程式 (16.10) は，唯1つの解をもつ．

以上のことより (16.8) は一般解である．

（証明終わり）

補足 16.1

(16.6) にある方程式 $\tilde{\boldsymbol{u}}''(t) + \tilde{A}\boldsymbol{u}(t) = 0$ について，(16.7) の形をした一般解が得られることを示そう．最も問題になることは，$\tilde{A}^{\pm\frac{1}{2}}$ をどのようにつくるかということである．まずこのことについて考えよう．一般に $(n\times n\text{-})$ 実対称行列[6] H に対して，次のような行列 P が存在する．このことを認めよう．

$$
\text{(16.11)} \qquad P\,{}^tP = I, \quad H = {}^tP \begin{pmatrix} \alpha_1 & & 0 \\ & \ddots & \\ 0 & & \alpha_n \end{pmatrix} P.
$$

ここで，${}^tP$ は P の転置行列[7]であり，α_i は H の固有値，すなわち代数方程式 $|H - \alpha I| = 0$ の解である．

$\tilde{A}$ の固有値は

$$
\alpha_\pm = \frac{1}{2}\left\{ \frac{k_1+k_2}{m_1} + \frac{k_2}{m_2} \pm \sqrt{\left(\frac{k_1+k_2}{m_1} + \frac{k_2}{m_2}\right)^2 - 4\frac{k_1k_2}{m_1m_2}} \right\}
$$

[6] 各 i 行 j 列成分 h_{ij} がすべて実数であり，$h_{ij} = h_{ji}$ が成立している行列．

[7] P の i 行 j 列成分が j 行 i 列成分になっているような行列のこと．

である．これらは正であることがわかる．(16.11) において，$H=\tilde{A}$ としたときの P を $\tilde{P}$ とする．この $\tilde{P}$ を使って，$\tilde{A}^{\pm\frac{1}{2}}$ を

$$\tilde{A}^{\pm\frac{1}{2}} = {}^t\tilde{P}D_{\pm}\tilde{P}, \quad D_{\pm} = \begin{pmatrix} (\alpha_+)^{\pm\frac{1}{2}} & 0 \\ 0 & (\alpha_-)^{\pm\frac{1}{2}} \end{pmatrix}$$

と定義すればよい．実際，(16.11) より

$$(\tilde{A}^{\pm\frac{1}{2}})(\tilde{A}^{\pm\frac{1}{2}}) = ({}^t\tilde{P}D_{\pm}\tilde{P})({}^t\tilde{P}D_{\pm}\tilde{P}) = {}^t\tilde{P}D_{\pm}^2\tilde{P} = {}^t\tilde{P}\begin{pmatrix} (\alpha_+)^{\pm1} & 0 \\ 0 & (\alpha_-)^{\pm1} \end{pmatrix}\tilde{P} = \tilde{A}^{\pm1}$$

となる．以上のことより，$\tilde{A}^{\pm\frac{1}{2}}$ の定義が明確になった．

次に行列 X に対する $\cos X, \sin X$ の定義について考えよう．これらは，無限級数

$$\cos X = I - \frac{1}{2!}X^2 + \cdots + (-1)^{\frac{n}{2}}\frac{1}{n!}X^n + \cdots \ (n \text{ は偶数}) \ ,$$
$$\sin X = X - \frac{1}{3!}X^3 + \cdots + (-1)^{\frac{n-1}{2}}\frac{1}{n!}X^n + \cdots \ (n \text{ は奇数})$$

で定義する．これは，外形上は第 12 章にある $\cos x, \sin x$ のマクローリン展開（(12.6), (12.7) を参照）と同じであることに注意しよう．この無限級数は，第 14 章で話した行列の距離の意味で収束することがわかる．$\cos X$ に $X = t\tilde{A}^{\frac{1}{2}}$ を代入した関数 $\cos t\tilde{A}^{\frac{1}{2}}$ について，

$$\cos t\tilde{A}^{\frac{1}{2}} = I - \frac{1}{2!}t^2({}^t\tilde{P}D\tilde{P})^2 + \cdots + (-1)^{\frac{n}{2}}\frac{1}{n!}t^n({}^t\tilde{P}D\tilde{P})^n + \cdots \quad (n \text{ は偶数})$$
$$= {}^t\tilde{P}\begin{pmatrix} \displaystyle\sum_{n:\text{偶数}} (-1)^{\frac{n}{2}}\frac{1}{n!}\{t(\alpha_+)^{\frac{1}{2}}\}^n & 0 \\ 0 & \displaystyle\sum_{n:\text{偶数}} (-1)^{\frac{n}{2}}\frac{1}{n!}\{t(\alpha_-)^{\frac{1}{2}}\}^n \end{pmatrix}\tilde{P}$$
$$= {}^t\tilde{P}\begin{pmatrix} \cos t(\alpha_+)^{\frac{1}{2}} & 0 \\ 0 & \cos t(\alpha_-)^{\frac{1}{2}} \end{pmatrix}\tilde{P}$$

が成立する．同様にして，

$$\sin t\tilde{A}^{\frac{1}{2}} = {}^t\tilde{P}\begin{pmatrix} \sin t(\alpha_+)^{\frac{1}{2}} & 0 \\ 0 & \sin t(\alpha_-)^{\frac{1}{2}} \end{pmatrix}\tilde{P}$$

となる．さらに，

$$\left(\cos t\tilde{A}^{\frac{1}{2}}\right)' = {}^t\tilde{P}\begin{pmatrix} -(\alpha_+)^{\frac{1}{2}}\sin t(\alpha_+)^{\frac{1}{2}} & 0 \\ 0 & -(\alpha_-)^{\frac{1}{2}}\sin t(\alpha_-)^{\frac{1}{2}} \end{pmatrix}\tilde{P}$$
$$= -{}^t\tilde{P}D_+\tilde{P}\ {}^t\tilde{P}\begin{pmatrix} \sin t(\alpha_+)^{\frac{1}{2}} & 0 \\ 0 & \sin t(\alpha_-)^{\frac{1}{2}} \end{pmatrix}\tilde{P} = -\tilde{A}^{\frac{1}{2}}\ \sin t\tilde{A}^{\frac{1}{2}}$$

が成立する．同じような計算により，次の等式を得る．

$$\left(\sin t\tilde{A}^{\frac{1}{2}}\right)' = \tilde{A}^{\frac{1}{2}}\ \cos t\tilde{A}^{\frac{1}{2}}.$$

また，次の式が成立する．

$$\cos t\tilde{A}^{\frac{1}{2}}\Big|_{t=0} = I, \quad \sin t\tilde{A}^{\frac{1}{2}}\Big|_{t=0} = 0.$$

以上のことから，任意の定ベクトル $\tilde{\boldsymbol{u}}_0, \tilde{\boldsymbol{u}}_1$ に対して，

$$\tilde{\boldsymbol{u}}(t) = (\cos t\tilde{A}^{\frac{1}{2}})\tilde{\boldsymbol{u}}_0 \ + \ \tilde{A}^{-\frac{1}{2}}(\sin t\tilde{A}^{\frac{1}{2}})\tilde{\boldsymbol{u}}_1 \tag{16.12}$$

とおくと，$\tilde{\boldsymbol{u}}(t)$ は方程式 $\tilde{\boldsymbol{u}}''(t) = -\tilde{A}\tilde{\boldsymbol{u}}(t)$ の解であり，初期条件

$$\tilde{\boldsymbol{u}}(0) = \tilde{\boldsymbol{u}}_0, \quad \tilde{\boldsymbol{u}}'(0) = \tilde{\boldsymbol{u}}_1$$

をみたしていることがわかる．解の一意性（(16.9) 参照）があるので，$\tilde{\boldsymbol{u}}(t)$ は一般解である．

章末問題

問題 16.1　第 1 節にある「連接バネの振動現象」について，空気抵抗を考慮に入れると方程式 (16.1)(16.2) はどのようなものになるか（空気抵抗は速度の逆向きに働き，その大きさは速さに比例する）．さらに，この方程式を行列を使って表せ（1 階の微分の項が現れることに注意せよ）．

問題 16.2　方程式 (16.1)(16.2) において $m = m_1 = m_2$, $k = k_1 = k_2$ とする．この方程式の解を $u_1(t), u_2(t)$ とし，$\boldsymbol{u}(t) = \begin{pmatrix} u_1(t) \\ u_2(t) \end{pmatrix}$ とおく．$\boldsymbol{u}(0) = \boldsymbol{u}_0, \boldsymbol{u}'(0) = \boldsymbol{u}_1$ とすると，$\boldsymbol{u}(t)$ は

$$\boldsymbol{u}(t) = \left(\cos t\sqrt{\frac{k}{m}}J\right)\boldsymbol{u}_0 + \sqrt{\frac{m}{k}}K\left(\sin t\sqrt{\frac{k}{m}}J\right)\boldsymbol{u}_1$$

と表せることを示せ．ここで，行列 X に対して $\cos X$, $\sin X$ は

$$\cos X = I - \frac{1}{2!}X^2 + \frac{1}{4!}X^4 - \frac{1}{6!}X^6 + \cdots,$$
$$\sin X = X - \frac{1}{3!}X^3 + \frac{1}{5!}X^5 - \frac{1}{7!}X^7 + \cdots$$

で定義する．さらに，$J = \begin{pmatrix} -1 & 1 \\ 1 & 0 \end{pmatrix}$, $K = \begin{pmatrix} 0 & 1 \\ 1 & 1 \end{pmatrix}$ である．

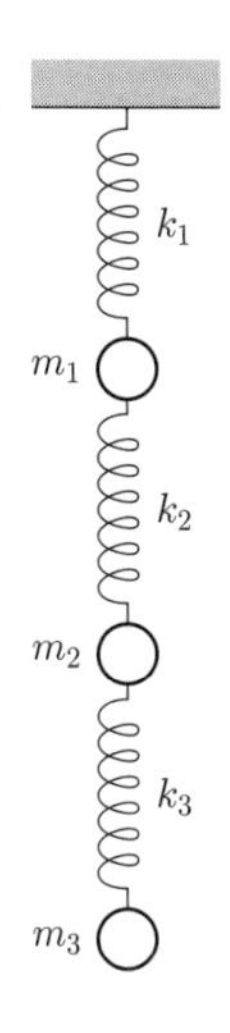

問題 16.3　上記の問題と同じ設定で，$\boldsymbol{u}(t)$ に対して

$$\tilde{E}(t) = \frac{1}{2}m\|\boldsymbol{u}'(t)\|^2 + k\frac{1}{2}\|J\boldsymbol{u}(t)\|^2$$

とおく．ここで $\|\boldsymbol{u}\|^2 = {u_1}^2 + {u_2}^2$ である．第 9 章において，$E(t)$ が t に関して一定であること（定理 9.2 参照）を証明した．この証明を参考にして，$\tilde{E}(t)$ が t に関して一定であることを示せ．

問題 16.4　右図のように，おもり 3 つを（質量を m_1, m_2, m_3 とする）3 つのバネで（バネ定数を k_1, k_2, k_3 とする）結ぶ．微小な上下運動をするとして，これらの動きを数学的に分析したい．第 16 章第 1 節で行ったのと同じ

ように座標（x-軸）を導入しておもりの位置を数量化する．時刻 t における3つのおもりの位置を，上から順に $u_1(t)+x_1, u_2(t)+x_2, u_3(t)+x_3$ とする（x_1, x_2, x_3 はおもり1, 2, 3が静止しているときのそれぞれの位置（座標））．また，空気抵抗は無視できるとする．$u_1(t), u_2(t), u_3(t)$ がみたす微分方程式を求めよ．

第 17 章

一般線型微分方程式

第 14 章で一般的な（単独）線型微分方程式について解の存在や表示について考察した．本章では，第 14 章の方程式よりさらに一般的な線型微分方程式に対して，その解の存在や一意性などについて検討したい．ここでの方程式は連立であり，これまで取り上げてきたさまざまな微分方程式の多くはある種の変換により，この章の微分方程式に帰着される．

17.1 解の存在と表示

これまで具体的な現象を記述するいろいろな微分方程式を考えてきた．これらの多くは次の一般的な（連立）微分方程式の 1 例とみなせる．

$$U'(x) - AU(x) = 0, \quad x \in \mathbb{R}, \tag{17.1}$$

$$U(0) = U_0. \tag{17.2}$$

ここで $U(x)$ は未知関数の列ベクトルであり，その j-成分は $u_j(x)$ $(j = 1, \ldots, n)$ である．A は $n{\times}n$-行列であり，その i 行 j 列成分は a_{ij} $(i, j = 1, \ldots, n)$（a_{ij} は定数）である．また，$\mathbb{R}$ は実数全体の集合を表し，以後でもこの記号を使う．$U(x)$ の微分は，列ベクトルの距離の意味で極限 $\displaystyle\lim_{h\to 0} \frac{1}{h}(U(x+h) - U(x))$ である．これは各成分を微分したものでもある．

(17.2) は**初期条件**と呼ばれ，U_0 を**初期値**という．U_0 は，各成分が（任意の）複素数である列ベクトルである．すなわち，$U_0 \in \mathbb{C}^n$ である（$\mathbb{C}$ は複素数全体の集合を表す）．ここでは初期条件を $x = 0$ で与えたが，任意の x_0 に対して $x = x_0$ で与えても以下の話はすべて成立する．

第 14 章では，未知関数がスカラー値ではあるが，次の一般的な微分方程式を考えた．

$$a_n \frac{d^n u}{dx^n}(x) + a_{n-1} \frac{d^{n-1} u}{dx^{n-1}}(x) + \cdots + a_1 \frac{du}{dx}(x) + a_0 u(x) = 0, \ x \in \mathbb{R}. \tag{17.3}$$

実はこれは未知関数の置き換えによって (17.1) の形に変換できる．(17.1) の考察の前に，このことを示しておこう．(17.3) の $u(x)$ に対して，$u_j(x)$ を

$$u_1(x) = u(x), \quad u_j(x) = \frac{d^{j-1} u}{dx^{j-1}}(x) \ (j = 2, \ldots, n)$$

とおく．今，$u(x)$ が (17.3) をみたすならば，$U(x)$ は

$$U'(x) = \begin{pmatrix} u_2(x) \\ \vdots \\ u_n(x) \\ -a_n^{-1}\left\{a_{n-1}\frac{d^{n-1}u}{dx^{n-1}}(x) + \cdots + a_0 u_1(x)\right\} \end{pmatrix}$$

$$= \begin{pmatrix} 0 & 1 & 0 & \cdots & 0 \\ 0 & 0 & 1 & \cdots & 0 \\ \vdots & \vdots & \vdots & \ddots & \vdots \\ 0 & 0 & \cdots & \cdots & 1 \\ -a_n^{-1}a_0 & -a_n^{-1}a_1 & \cdots & \cdots & -a_n^{-1}a_{n-1} \end{pmatrix} U(x) \tag{17.4}$$

をみたす．逆に，$U(x)$ がこの方程式をみたすならば，$U(x)$ の第 1 成分を $u(x)$ とすれば，$u(x)$ は (17.3) をみたす．したがって，(17.3) について調べたければ，行列 A を上記のように選んで (17.1) について調べて解の第 1 成分をみればよいことになる．

方程式 (17.1) は，第 3 章で考えたマルサス方程式 $N'(t) - aN(t) = 0$ と同じ形をしている．マルサス方程式の解は $e^{at}N_0$ と表された．ここで第 14 章で定義した行列の指数関数を導入すると，マルサス方程式のときと同じように，(17.1) の解は $e^{xA}U_0$ と表せるように思われる．実際次の定理が成立する．

解の存在と表示

定理 17.1

(1)（解の存在）任意の $U_0 \in \mathbb{C}^n$ に対して (17.1) および (17.2) をみたす微分可能な関数 $U(x)$（すなわち解）が存在する．

(2)（解の表示）(17.1) および (17.2) をみたす解 $U(x)$ は次の形をしている．

$$U(x) = e^{xA}U_0.$$

証明　$U(x) = e^{xA}U_0$ とおくと，$U(x)$ は微分可能であり，(17.1) (17.2) をみたす．このことを示そう．

$$e^{xA} = \lim_{l\to\infty}\left(I + xA + \frac{1}{2}x^2A^2 + \cdots + \frac{1}{l!}x^lA^l\right)$$

であるから，(17.2) は明らかである．また，次節で証明する「解の一意性」[1] から，$U(x) = e^{xA}U_0$ が (17.1) と (17.2) をみたせば，解はこの $e^{xA}U_0$ に限られることに注意しよう．

$U^l(x) = \displaystyle\sum_{m=0}^{l}\frac{1}{m!}x^mA^mU_0$ とし，$U^l(x)$ の第 j 成分を $u_j^l(x)$ で表す．

$$\left(U^l(x)\right)' = AU^{l-1}(x)$$

[1] 方程式の解が唯一つであるということ．

である．ここで，$l \to \infty$ とすると，$\bigl(U(x)\bigr)' = AU(x)$ となり，(17.1) が得られる（ように思える）．しかし，極限操作「$l \to \infty$」と微分操作が交換できる保証はないので，これでは証明にならない．したがって，第 13 章のとき（定理 13.2）と同じ少し回りくどい工夫をすることになる．すなわち，結論は正しいはずだと信じて，$U^l(x+h)$ のテイラー展開（第 12 章の定理 12.2 を参照）を使って，$\dfrac{1}{h}\bigl(U^l(x+h) - U^l(x)\bigr) - AU^{l-1}(x)$ を具体的に表示し，これが $C|h|$ で評価できる[2]（C は l や h によらない定数）ことを導く．そうして，$l \to \infty$ とし，次に $h \to 0$ として，$U'(x) - AU(x) = 0$ を導く．

行列 $H = (h_{ij})_{i,j=1,\dots,n}$（$H$ の i 行 j 列成分が h_{ij} であるという意味）に対して，$\max_{i,j=1,\dots,n} |h_{ij}|$ を $\|H\|$ で表す．列ベクトル V に対しても $\|V\|$ を同様に定義する．行列および列ベクトルに対して $\|J+K\| \le \|J\| + \|K\|$ がなりたつ．また，$n\times n$-行列 A, B に対して（B は列ベクトルでもよい），$\|AB\| \le n\|A\|\|B\|$ となる（第 14 章の章末問題 14.1 を参照）．よって

$$\|U^l(x)\| \le n\left\|\sum_{m=0}^{l} \frac{1}{m!}x^m A^m\right\|\|U_0\| \le n\sum_{m=0}^{l}\frac{1}{m!}|x|^m (n\|A\|)^m \|U_0\| \tag{17.5}$$

となる．x は有界な範囲を動いているとしてよいから，$|x|(n\|A\|) \le d$ であるとする．これより

$$\|U^l(x)\| \le n\sum_{m=0}^{l}\frac{1}{m!}d^m\|U_0\| \le ne^d\|U_0\| \tag{17.6}$$

が成立する．上式において，$e^d\|U_0\|$ は l によらないことに注意しよう．

第 12 章のテイラーの展開定理（定理 12.2）を使うと，

$$u_j^l(x+h) = u_j^l(x) + (u_j^l)'(x)h + \int_x^{x+h} (x-y)(u_j^l)''(y)dy$$

となる．$u_j^l(x)$ は $U^l(x)$ の第 j 成分であり，$(U^l)'(x) = AU^{l-1}(x)$ であったから，$(u_j^l)'(x)$ は $AU^{l-1}(x)$ の第 j 成分に等しい．列ベクトル V の第 j 成分を V_j で表せば $(u_j^l)'(x) = \bigl(AU^{l-1}(x)\bigr)_j$ ということである．さらに，$(U^l)''(x) = A^2U^{l-2}(x)$ より $(u_j^l)''(x) = \bigl(A^2U^{l-2}(x)\bigr)_j$ である．したがって

$$\left|\frac{u_j^l(x+h) - u_j^l(x)}{h} - \bigl(AU^{l-1}\bigr)_j(x)\right| = \left|\frac{1}{h}\int_x^{x+h}(x-y)\bigl(A^2U^{l-2}(y)\bigr)_j dy\right|$$

となる．今上記の積分内の y は常に (17.5) が有効な範囲にあるとしてよいから，積分内の関数は

$$|(x-y)(A^2U^{l-2})_j(y)| \le |h|\|A^2U^{l-2}\| \le |h|n^3\|A\|^2\|U^{l-2}(x)\|$$

をみたす．ここで (17.6) に注意すると，l や h によらない定数 C が存在して

$$\left|\frac{u_j^l(x+h) - u_j^l(x)}{h} - \bigl(AU^{l-1}\bigr)_j(x)\right| \le \left|\int_x^{x+h} n^4\|A\|^2e^d\|U_0\|dy\right| = C|h|$$

---

[2] 何か変化する量 J, K に対して $J \le CK$ という種類の不等式が得られるとき，「J は K で（または CK で）評価できる」という．

と評価できる．ここで $l \to \infty$ とすることによって $\left\| \frac{1}{h}\bigl(U(x+h) - U(x)\bigr) - AU(x) \right\| \leq C|h|$ を得る．この不等式は $|h|$ がどんなに小さくしても成立しなければならないので次の等式が得られる．

$$\lim_{h \to 0} \frac{1}{h}\bigl(U(x+h) - U(x)\bigr) \ - \ AU(x) = 0.$$

ゆえに，$U(x)$ は微分可能であり，(17.1) をみたすことが証明できた．

（証明終わり）

17.2　解の一意性

この節では，前節で考えた方程式 (17.1)(17.2) に対する「解の一意性」について考察したい．解の一意性については，第 9 章において，振動の方程式 $mu''(t) + ku(t) = 0$ を対象にエネルギー保存則（定理 9.2）を使って証明したことがある（(9.7) 参照）．本節での証明は，これとはまったく違っていて，第 12 章のテイラーの展開定理（定理 12.2）を使うやり方である．まず，このやり方で必要となる「解の微分可能性」（次の定理 17.2）を確かめておきたい．

定理 17.2　$U(x)$ が微分可能であって (17.1) をみたすならば，$U(x)$ は何回でも微分可能である．さらに，x の動く範囲を $|x| \leq d$（d は任意の正の定数）としたとき，$l = 1, 2, \ldots$ によらない定数 C が存在して次の不等式がなりたつ．

$$\left\| \frac{d^l}{dx^l} U(x) \right\| \leq C^{l+1}. \tag{17.7}$$

証明　$U(x)$ は $U'(x) = AU(x)$ をみたす．この式の右辺は，$U(x)$ が微分可能であれば微分可能になる．したがって，左辺も微分可能になる．このことより，$U(x)$（$U(x)$ の各成分 $u_j(x)$ $(k = 1, \ldots, n)$）はすべて 2 回まで微分可能ということになる．次に，$U'(x) = AU(x)$ の両辺を微分すると $U''(x) = AU'(x)$ が得られる．$U'(x)$ は微分可能であるので，先ほどと同じ議論により $U''(x)$ は微分可能（つまり $U(x)$ は 3 回微分可能）となる．以下この手順を繰り返すことにより $U(x)$ は何回でも微分可能であることがわかる．さらに $U^{(l)}(x) = AU^{(l-1)}(x)$（$l$ は任意の正の整数）が成立する．この等式より $\|U^{(l)}(x)\| \leq n\|A\|\|U^{(l-1)}(x)\|$ が得られる．この不等式を繰り返し使うことによって $\|U^{(l)}(x)\| \leq (n\|A\|)^l \|U(x)\|$ となる．$|x| \leq d$ における $\|U(x)\|$ の最大値を M とすれば[3]，$\|U^{(l)}(x)\| \leq M(n\|A\|)^l$ となり，定理にある不等式 (17.7) も得られる．

（証明終わり）

[3] $U(x)$（の各成分）の最大値の存在については補章の定理 18.4 を参照．

解の一意性

定理 17.3 方程式 (17.1)(17.2) をみたす解は唯一つである．すなわち，$U(x) = U_1(x), U_2(x)$ が (17.1) をみたし，$U_1(0) = U_2(0)$ ならば，すべての x において $U_1(x) = U_2(x)$ である．

証明 定理にある $U_1(x), U_2(x)$ に対して，$\tilde{U}(x) = U_1(x) - U_2(x)$ とおくと，$\tilde{U}(x)$ は $\tilde{U}'(x) = A\tilde{U}(x)$，$\tilde{U}(0) = 0$ をみたす．したがって，方程式 (17.1) の解 $U(x)$ が初期条件 $U(0) = 0$ をみたすならば，すべての x において $U(x) = 0$ となることを示せばよい．今 $|x| \leq d$（d は任意の正定数）とする．また，定理 17.2 より $U(x)$ は何回でも微分可能である．

$U(0) = 0$ とすると，$U'(x) = AU(x)$ より $U'(0) = 0$ となる．さらに，$U''(x) = AU'(x)$ であるから，$U''(0) = 0$ となる．以下このことを繰り返すことによって，$l = 1, 2, \ldots$ に対して $U^{(l)}(0) = 0$ であることがわかる．これは $U(x)$ の各成分 $u_j(x)$ について，

$$u_j^{(l)}(0) = 0 \quad (l = 1, 2, \ldots) \tag{17.8}$$

が成立することでもある．

$u_j(x)$ のテイラー展開を考えると（第 12 章の定理 12.2 を参照），(17.8) より

$$u_j(x) = \frac{1}{m!}\int_0^x (x-y)^m u_j^{(m+1)}(y)dy \tag{17.9}$$

が $m = 0, 1, 2, \ldots$ に対して得られる．定理 17.2 の不等式 (17.7) より，

$$|u_j^{(m+1)}(y)| \leq C^{m+2} \quad (C \text{ は } m \text{ によらない定数 }) \tag{17.10}$$

が成立することがわかる．したがって，

$$|u_j(x)| \leq \left|\frac{1}{m!}\int_0^x d^m C^{m+2} dy\right| \leq \frac{1}{m!}(dC)^m dC^2$$

が得られる．これは m がどんなに大きくても成立しなければならない．しかも，$\lim_{m\to\infty} \frac{1}{m!}(dC)^m = 0$ である．なぜなら，$m_0 \geq 2dC$ をみたす整数 m_0 をとると，$m \geq m_0$ のとき

$$\begin{aligned}\frac{1}{m!}(dC)^m &\leq \frac{1}{m_0!}(dC)^{m_0}\left(\frac{dC}{m_0+1}\right)\left(\frac{dC}{m_0+2}\right)\cdots\left(\frac{dC}{m}\right)\\ &\leq \frac{1}{m_0!}(dC)^{m_0}\left(\frac{1}{2}\right)^{m-m_0} \xrightarrow{m\to\infty} 0\end{aligned}$$

となるからである．したがって，$|x| \leq d$ のとき恒等的に $u_j(x) = 0$ となっていなければならない．d は任意であったから，すべて x に対して $u_j(x) = 0$ である．

以上のことより，すべて x に対して $U(x) = 0$ である．

（証明終わり）

章末問題

問題 17.1　第 16 章にある連立微分方程式 (16.1)(16.2)，すなわち

$$\begin{cases} m_1 u_1''(t) = -(k_1 + k_2)u_1(t) + k_2 u_2(t), \\ m_2 u_2''(t) = k_2(u_1(t) - u_2(t)) \end{cases}$$

が，第 17 章で考えた方程式 $U'(t) = AU(t)$ の形に変換できることを示せ．

問題 17.2　微分方程式 $u''(x) + au(x) = 0$（a は正の定数）の解 $u(x)$ に対して，$u_1(x) = u(x)$，$u_2(x) = u'(x) + i\sqrt{a}u(x)$ とおくと，$U(x) = \begin{pmatrix} u_1(t) \\ u_2(t) \end{pmatrix}$ の方程式は，$U'(t) = AU(t)$ という形の方程式になる．この行列 A はどんなものになるか．

問題 17.3　微分方程式 $U'(x) - AU(x) = 0$（A は $n \times n$-行列）の解のうち，$e^{zx}U_0$ という形のものを考える．ここで，z は複素数の定数，U_0 は（定数）列ベクトルである．

(1) $U(x) = e^{zx}U_0$ が上の方程式の解になる必要十分条件は，$(A - zI)U_0 = 0$ となる 0 でない U_0 が存在することである（I は対角成分のみが 1 で他の成分は 0 であるような行列である）．このことを証明せよ．

(2) このような U_0 が存在するときの z は，行列式 $|A - zI|$ から得られる n 次方程式 $|A - zI| = 0$ の解[4]である．このことを証明せよ．

問題 17.4　微分方程式 $U'(x) = AU(x)$ に対する「解の一意性」が定理 17.3 で示されている．この定理があれば，第 14 章で考えた方程式 (14.7)(14.8) すなわち

$$\begin{cases} a_n u^{(n)}(x) + a_{n-1}u^{(n-1)}(x) + \cdots + a_1 u'(x) + a_0 u(x) = 0, \\ u^{(n-1)}(0) = b_{n-1},\ \cdots,\ u'(0) = b_1,\ u(0) = b_0 \end{cases}$$

についての「解の一意性」が得られることを証明せよ．

[4] この解を A の**固有値**といい，このときの U_0 を**固有ベクトル**という．この解 $z_0, \ldots, z_{n-1}$ が相異なるとき，$\sum_{j=0}^{n-1} c_j e^{z_j x} U_0^j$（$U_0^j$ は z_j の固有ベクトル）が $U'(x) - AU(x) = 0$ の一般解になることがわかっている（定理 14.2 との類似性に注意せよ）．さらに，A を (17.4) にあるものとすると，A の固有値と (14.9) の解とが一致することもわかっている．

補 章　極限値の存在

何かの値を定義するとき，極限値を使って定義することがある．微分の定義をはじめ，指数関数の定義がそうであったし，積分の定義もそうであった．このような極限値の存在を保証しようとするとき，出発点となるのが実数の完備性である．これは数の連続性とも呼ばれる．数直線でいえば，どの部分にも切れ目なく数が存在していることを意味している．また，積分値などの存在証明には，どんな種類の関数を対象としているかという点も重要になる．このときよく使われるものが連続関数である．本章では，実数の完備性，連続関数の基本性質について説明する．さらに，これらを前提として，積分値の存在を証明する．

18.1　実数の完備性

何かの値を極限値で定義するとき，基本列と収束列とが同等になっていること（完備性）が前提となっている場合が少なくない．指数関数の定義がそうであったし（第3章，第13章参照），後に述べる積分の定義もそうである．実数の集合では，完備性は保証されていると思ってよさそうであるが，これを厳密に示そうとすると話は単純にはいかない．そもそも実数の集合とは何なのかという疑問がわいてくる．今仮に実数の集合を分数で表される数の全体（つまり有理数の集合）としてしまうと，完備性は保証されないことになる（章末の問題 18.1 を参照）．したがって，実数の集合は，有理数の集合よりもっと広いものだということになる．そこで，少し人工的なものでもいいから，完備性など実数の諸性質が厳密な意味で保証（証明）できる集合が用意できないかということになる．そしてその集合を実数の集合だと思ってしまおうというわけである．この具体的なやり方にはいろいろなものがあるが，**デデキントの切断**によるやり方が標準的なものとして知られている．このアイデアについて少し触れておこう．

有理数全体が2つの組 A, B に分かれており，A の任意の数 a と B の任意の数 b が常に $a<b$ となっているとする．このような組分けを**切断**と呼び，(A, B) と書くことにする．このとき，次の (I) か (II) のどちらかが起こっている．

(I) 有理数 c が存在して，c は A の最大数となっているか（この場合は $c \notin B$），
　c は B の最小数となっている（この場合は $c \notin A$）．

(II) A に最大数がなく，B に最小数がない．

(I) の場合の組は，c が同じであれば c が A に属していても B に属していても本質的には同じ組とみるべきである．したがって，最大値が A にあるものだけを考えることにする．このようにしておくと，切断 (A, B) は A と B の境界になっている数を表していると思える．つまり (A, B) と1つ1つの数とが一対一に対応していると思える．そこで，切断の集合を実数の集合

とみなして，大小関係など実数の諸性質を切断の集合に持ち込む（切断を使って定義する）ことにする．また，(II) が起こっている切断 (A, B) は無理数を表しているとみなし，(A, B) を無理数であると定義してしまうのである．このように切断を使ってさまざまなものを定義すると，数学の議論に耐える「実数の集合」（そう思っていい集合）が得られるのである．実数の完備性なども，このやり方の中で保証することができる．さらに，数直線などでイメージされる「数の連続性」も厳密な形で表現されていると思える．本書では，切断を使った実数の議論にはこれ以上立ち入らないことにする．そして，実数の集合はわかっているものとし，しかも以下で述べるところの「上限の存在」を仮定する．

実数の集合 A があったとして，A に属するどんな数 x に対しても $x \leq a$ となるような定数 a が存在しているとき，A は**上に有界**であるという．A が上に有界なとき，A に最大値が存在するとは限らない．たとえば，$A = (-\infty, 0)$ とすると，$0 \notin A$ なので A には最大値はない．この例における 0 は，最大値ではないけれど，A 内のどの数より大きいぎりぎりの値という感じのものである．最大値とこの「ぎりぎりの値」を総称して上限という．すなわち，「a が A の**上限**である」とは次のときをいう．

(18.1)
1) A に属するどの数 x に対しても $x \leq a$ である．
2) どんなに小さい正数 ε に対しても，$a - \varepsilon < x$ となる数 x が A に少なくとも 1 つ存在する．

「**下に有界**」と「**下限**」について，不等号の向きを逆向きにして，「上に有界」と「上限」のときと同様に定義される．上にも下にも有界のとき，単に「**有界**」という．

実数の範囲で考えているならば，上に有界な集合には上限が必ずあるように思える．これを厳密に保証しようとすると，「切断」などの導入になってしまうのだが，本書では，

(18.2)　　実数の集合 A が上に有界ならば A の上限が必ず存在する

と仮定してしまうことにする．そして，この仮定から出発して必要事項を導くことにする．A が下に有界ならば，$-A\ (= \{-x\}_{x \in A})$ は上に有界になるから，(18.2) より下限の存在が保証されることに注意しよう．

ボルツァノ・ワイエルシュトラスの定理 (2)

定理 18.1　有界な点列は収束する部分列をもつ．

証明　まず，上に有界な増加列 $\{a_n\}_{n=1,2,\ldots}$（すなわち，ある定数 L があって $a_1 \leq a_2 \leq \cdots \leq L$ となっている）は収束することを確かめよう．$\{a_n\}_{n=1,2,\ldots}$ の上限を a とする．上限の定義 (18.1) より，任意の正数 ε に対して $a - \varepsilon < a_N \leq a$ となる a_N が存在する．$\{a_n\}_{n=1,2,\ldots}$ は増加列であるから

$$n \geq N \text{ のとき常に } a - \varepsilon < a_n \leq a$$

となる．よって，$\lim_{n \to \infty} a_n = a$ である．下に有界な減少列についても同様のことがいえる．

$\{x_n\}_{n=1,2,\ldots}$ を有界な点列とする．m $(=1,2,\ldots)$ に対して $\{x_m, x_{m+1},\ldots\}$ の上限を y_m とすると，$\{y_m\}_{m=1,2,\ldots}$ は有界な減少列になる．したがって $\{y_m\}_{m=1,2,\ldots}$ は収束する．$a=\lim_{m\to\infty} y_m$ とおくと，どんな正の整数 k に対しても N_k を十分大きくとれば

$$a \leq \cdots \leq y_{N_k+2} \leq y_{N_k+1} \leq y_{N_k} < a+\frac{1}{k}$$

となる．ここで $k \leq m_k$ かつ $N_k \leq m_k$ をみたす y_{m_k} を選ぶ．さらに，y_{m_k} が $\{x_{m_k}, x_{m_k+1},\ldots\}$ の上限であることから，$m_k \leq n_k$ であって $y_{m_k}-\frac{1}{k} < x_{n_k} \leq y_{m_k}$ となる x_{n_k} が存在する．以上のことから，次のことが成立する．

$$k \leq n_k, \quad a \leq y_{m_k} < a+\frac{1}{k}, \quad y_{m_k}-\frac{1}{k} < x_{n_k} \leq y_{m_k}.$$

上の第2式と第3式より，$0 \leq y_{m_k}-a < \frac{1}{k}$ および $-\frac{1}{k} < x_{n_k}-y_{m_k} \leq 0$ がなりたつ．ゆえに

$$\lim_{k\to\infty} n_k = \infty, \quad -\frac{1}{k} < x_{n_k}-a < \frac{1}{k}$$

となり，$\{x_{n_k}\}_{k=1,2,\ldots}$ は a に収束する $\{x_n\}_{n=1,2,\ldots}$ の部分列である．したがって定理 18.1 が成立する．

（証明終わり）

定理 18.1 から実数の完備性が得られる．すなわち次の定理が得られる．

コーシーの収束判定条件

定理 18.2　点列 $\{x_n\}_{n=1,2,\ldots}$ が収束列である必要十分条件は，$\{x_n\}_{n=1,2,\ldots}$ が基本列であることである．

証明　収束列ならば基本列になることは，第 13 章で確かめた（「基本列の定義」の説明を参照）．したがって，基本列ならば収束列になっていることのみを示すことにする．

$\{x_n\}_{n=1,2,\ldots}$ を基本列とすると，任意の ε (>0) に対して

(18.3)
$$N \leq m,\ N \leq n \text{ のとき常に } |x_m - x_n| < \frac{\varepsilon}{2}$$

となる N がとれる．このことより，$\{x_n\}_{n=1,2,\ldots}$ は有界になる[1]．定理 18.1 より $\{x_n\}_{n=1,2,\ldots}$ の部分列 $\{x_{n_k}\}_{k=1,2,\ldots}$ で収束するものがとれる．$a=\lim_{k\to\infty} x_{n_k}$ とすると，任意の ε (>0) に対して

$$\tilde{k} \leq k \text{ のとき常に } |x_{n_k}-a| < \frac{\varepsilon}{2}$$

となる $\tilde{k}$ がとれる．k を十分大きくとって，(18.3) にある N に対して $N \leq n_k$ となるように n_k をとる．さらに，n を $N \leq n$ となるように取ると，$|x_n - x_{n_k}| < \frac{\varepsilon}{2}$ かつ $|x_{n_k}-a| < \frac{\varepsilon}{2}$ となる．したがって

$$N \leq n \text{ のとき } |x_n - a| \leq |x_n - x_{n_k}| + |x_{n_k}-a| < \frac{\varepsilon}{2}+\frac{\varepsilon}{2} = \varepsilon$$

---

[1] $\varepsilon=2$, $N=m$（m は固定）と取ることで，$|x_n| \leq |x_N| + |x_n - x_N| \leq |x_N|+1$ $(n=N+1, N+2,\ldots)$ となり，$\{x_n\}_{n=1,2,\ldots}$ は有界になる．

となる．すなわち，$\{x_n\}_{n=1,2,\ldots}$ は a に収束する．よって，定理 18.2 がなりたつ．

（証明終わり）

18.2　連続関数の基本性質

第 2 章で取り上げた連続関数とは，（定義域の）各 x において

$$\lim_{h\to 0} f(x+h) = f(x)$$

となっているような関数であった．この節では，連続関数がもつ基本性質のいくつかを話題にしてみたい．

次の定理でいう性質は，第 5 章で行った逆関数の考察（(5.2)，補足 5.1 等を参照），第 11 章の補足 11.1 にある平均値定理（定理 11.2）などの証明に本質的な役割を果たしたものである．

中間値定理

定理 18.3　$f(x)$ は閉区間 $[a,b]$ で連続であるとする．このとき，$f(a)$ と $f(b)$ の中間にある任意の値 c に対して，$f(x)=c$ となる x が $[a,b]$ に[2]存在する．

証明　$c=f(a)$ または $c=f(b)$ ならば明らかなので，$f(a)\neq f(b)$ であって，$c\neq f(a)$ かつ $c\neq f(b)$ とする．さらに $f(a)<f(b)$ とする．$f(a)>f(b)$ のときは，$g(x)=-f(x)$ とおけば $g(a)<g(b)$ となるので $f(a)<f(b)$ の場合に帰着される．結局，$f(a)<c<f(b)$ の場合を考えればよい．

$J=\{x\in[a,b];\ f(x)\leq c\}$ は空でない有界集合であり，a 以外の点を含む．J の上限を x_0 とする．$a<x_0$ である．(18.1) より，$n=1,2,\ldots$ に対して $x_0-\dfrac{1}{n}<x_n\leq x_0$ かつ $x_n\in J$（つまり $f(x_n)\leq c$）である x_n が存在する．$\displaystyle\lim_{n\to\infty}x_n=x_0$ であり，$f(x)$ が連続であることから，$\displaystyle\lim_{n\to\infty}f(x_n)=f(x_0)\leq c$ である（常に $f(x_n)\leq c$ であることに注意）．$f(x_0)\leq c<f(b)$ であるので $x_0\neq b$ である．よって，n が十分大きければ $x_0+\dfrac{1}{n}\leq b$ であり，しかも，$c<f\left(x_0+\dfrac{1}{n}\right)$ である（なぜなら，x_0 が J の上限だから）．したがって，$\displaystyle\lim_{n\to\infty}f\left(x_0+\frac{1}{n}\right)=f(x_0)\geq c$ でなければならない．ゆえに，$f(x_0)=c$ であり，$f(x)=c$ となる x が (a,b) に存在することが示せた．

（証明終わり）

定理 18.4　$f(x)$ が閉区間 $[a,b]$ で連続であるならば，$[a,b]$ における $f(x)$ の最大値および最小値が存在する．

証明　$\{f(x)\}_{x\in[a,b]}$ は上に有界である．そうでないとすると，$\displaystyle\lim_{n\to\infty}f(x_n)=\infty$ となる x_n が $[a,b]$ に存在する．定理 18.1 より収束する部分列 $\{x_{n_k}\}_{k=1,2,\ldots}$ が取れて，$\displaystyle\lim_{k\to\infty}x_{n_k}$（こ

[2] $c\neq f(a)$ かつ $c\neq f(b)$ ならば，この $[a,b]$ は (a,b) になる．

れを x_0 とする）は $[a,b]$ に属する．$f(x)$ の連続性から $\lim_{k\to\infty} f(x_{n_k}) = f(x_0)$ となる．これは $\lim_{n\to\infty} f(x_n) = \infty$ に矛盾する．

$\{f(x)\}_{x\in[a,b]}$ の上限を c とする．$n = 1,2,\ldots$ に対して $c - \frac{1}{n} < f(y_n) \leq c$ となる y_n が $[a,b]$ に存在する．先ほどと同じ議論により，$\{y_n\}_{n=1,2,\ldots}$ の収束部分列 $\{y_{n_k}\}_{k=1,2,\ldots}$ がとれて $\lim_{k\to\infty} y_{n_k} = y_0$ は $[a,b]$ 内にある．よって $f(x)$ の連続性より $(c =) \lim_{k\to\infty} f(y_{n_k}) = f(y_0)$ となる．つまり c は $[a,b]$ における $f(x)$ の最大値である．最小値については，$g(x) = -f(x)$ を考えれば上記の最大値の議論に帰着できる．

（証明終わり）

一様連続性

定理 18.5　$f(x)$ は閉区間 $[a,b]$ で定義された連続関数であるとする．このとき，任意の正数 ε に対して次のような正数 δ が取れる[3]．

(18.4)　$[a,b]$ の任意の点 x,y が $|x-y| < \delta$ でありさえすれば $|f(x)-f(y)| < \varepsilon$ が成立する．

証明　今，(18.4) が成立しないとすると，ある ε_0 (>0) に対して

$$\lim_{n\to\infty} |x_n - y_n| = 0 \quad \text{かつ} \quad |f(x_n) - f(y_n)| \geq \varepsilon_0$$

となる $\{x_n\}_{n=1,2,\ldots}, \{y_n\}_{n=1,2,\ldots}$ が $[a,b]$ 内に存在する．定理 18.1 より，$\{x_n\}_{n=1,2,\ldots}$ から収束部分列 $\{x_{n_k}\}_{k=1,2,\ldots}$ が取れる．$x_0 = \lim_{k\to\infty} x_{n_k}$ とすると，$x_0 \in [a,b]$ である．さらに，$\lim_{k\to\infty} y_{n_k} = x_0$ である．$f(x)$ の連続性より $\lim_{k\to\infty} f(x_{n_k}) = x_0 = \lim_{k\to\infty} f(y_{n_k})$ となる．これは $|f(x_n) - f(y_n)| \geq \varepsilon_0$ と両立しない．ゆえに (18.4) が成立する．

（証明終わり）

18.3　積分値の存在

これまで連続関数に対して積分値 $\int_a^b f(x)dx$ は存在するものとしてきた．この存在を証明しよう．

定理 18.6　関数 $f(x)$ は区間 $[a,b]$ で連続であるとする．n $(=1,2,\ldots)$ に対して，$[a,b]$ 内に分点 $\{x_i^n\}_{i=1,2,\ldots,n}$ $(a = x_0^n < \cdots < x_n^n = b)$ を取り，c_i^n を $[x_{i-1}^n, x_i^n]$ 内に取る．さらに，$n\to\infty$ のとき $x_i^n - x_{i-1}^n$ の最大値 δ_n が 0 に収束するように分点 $\{x_i^n\}_{i=1,2,\ldots,n}$ は取ってあるとする．このとき，

$$\lim_{n\to\infty} \sum_{i=1}^{n} f(c_i^n)(x_i^n - x_{i-1}^n) \tag{18.5}$$

が存在する．この極限値は $\{x_i^n\}_{i=1,2,\ldots,n}$ と c_i^n $(\in [x_{i-1}^n, x_i^n])$ の取り方によらず一意である．

---

[3]（$f(x)$ の定義域において）(18.4) が成立するとき，「$f(x)$ は一様連続である」という．

証明　任意の正数 ε に対して，次のような正数 δ が取れることを証明すればよい．

$[a,b]$ 内の分点 $\{x_i\}_{i=1,2,\dots,m}$ $(a = x_0 < \cdots < x_m = b)$，$\{\tilde{x}_i\}_{i=1,2,\dots,n}$ $(a = \tilde{x}_0 < \cdots < \tilde{x}_n = b)$ に対して，$x_i - x_{i-1}$ の最大値と $\tilde{x}_i - \tilde{x}_{i-1}$ の最大値がともに δ 以下でありさえすれば，

$$\left|\sum_{i=1}^{m} f(c_i)(x_i - x_{i-1}) \ - \sum_{i=1}^{n} f(\tilde{c}_i)(\tilde{x}_i - \tilde{x}_{i-1})\right| < \varepsilon \tag{18.6}$$

がなりたつ．ここで $c_i \in [x_{i-1}, x_i]$，$\tilde{c}_i \in [\tilde{x}_{i-1}, \tilde{x}_i]$ である．

今これが証明できたとする．$\lim_{n\to\infty} \delta_n = 0$ であるので，任意の正数 ε に対して，N を十分大きくとれば，$n \geq N$ のとき常に $\delta_n \leq \delta$ となる．したがって，$m \geq N$ かつ $n \geq N$ のとき

$$\left|\sum_{i=1}^{m} f(c_i^m)(x_i^m - x_{i-1}^m) \ - \sum_{i=1}^{n} f(c_i^n)(x_i^n - x_{i-1}^n)\right| < \varepsilon$$

となる．つまり，$\left\{\sum_{i=1}^{n} f(c_i^n)(x_i^n - x_{i-1}^n)\right\}_{n=1,2,\dots}$ は基本列になる．実数の完備性（定理 18.2）よりこれは収束列でもある．$S = \lim_{n\to\infty} \sum_{i=1}^{n} f(c_i^n)(x_i^n - x_{i-1}^n)$ とする．(18.5) において，分点 x_i^n や c_i^n を別の選び方をして（それら $\tilde{x}_i^n$ を $\tilde{c}_i^n$ とする）$\sum_{i=1}^{n} f(\tilde{c}_i^n)(\tilde{x}_i^n - \tilde{x}_{i-1}^n)$ をつくったとする（$\tilde{x}_i^n - \tilde{x}_{i-1}^n$ の最大値は $\tilde{\delta}_n$ で表す）．これについても先ほどと同様にして極限値 $\tilde{S} = \lim_{n\to\infty} \sum_{i=1}^{n} f(\tilde{c}_i^n)(\tilde{x}_i^n - \tilde{x}_{i-1}^n)$ が存在する．さらに次のようにすれば $S = \tilde{S}$ でなければならないこともわかる．任意の正数 ε に対して n を十分大きくとれば $\left|S - \sum_{i=1}^{n} f(c_i^n)(x_i^n - x_{i-1}^n)\right| < \varepsilon$ かつ $\left|\tilde{S} - \sum_{i=1}^{n} f(\tilde{c}_i^n)(\tilde{x}_i^n - \tilde{x}_{i-1}^n)\right| < \varepsilon$ となる．また，$\delta_n < \delta$ かつ $\tilde{\delta}_n < \delta$ となるようにしておくと，$\left|\sum_{i=1}^{n} f(c_i^n)(x_i^n - x_{i-1}^n) - \sum_{i=1}^{n} f(\tilde{c}_i^n)(\tilde{x}_i^n - \tilde{x}_{i-1}^n)\right| < \varepsilon$ となる．ゆえに

$$\begin{aligned}|S - \tilde{S}| \leq \left|S - \sum_{i=1}^{n} f(c_i^n)(x_i^n - x_{i-1}^n)\right| + \left|\sum_{i=1}^{n} f(c_i^n)(x_i^n - x_{i-1}^n) - \sum_{i=1}^{n} f(\tilde{c}_i^n)(\tilde{x}_i^n - \tilde{x}_{i-1}^n)\right| \\ + \left|\tilde{S} - \sum_{i=1}^{n} f(\tilde{c}_i^n)(\tilde{x}_i^n - \tilde{x}_{i-1}^n)\right| < 3\varepsilon\end{aligned}$$

となる．ε は任意の正数であるから，$S = \tilde{S}$ でなければならない．したがって，定理 18.6 が得られることになる．

(18.6) を証明しよう．$\delta\ (>0)$ をどれぐらい小さくとるかは後で決めることにして，$x_i - x_{i-1} < \delta$ $(i = 1, \dots, m)$ かつ $\tilde{x}_i - \tilde{x}_{i-1} < \delta$ $(i = 1, \dots, n)$ とする．分点 $\{x_i\}_{i=1,2,\dots,m}$ と分点 $\{\tilde{x}_i\}_{i=1,2,\dots,n}$ とを併せたものを $\{y_k\}_{k=1,2,\dots,l}$ とする．各 $[y_{k-1}, y_k]$ に対して $[y_{k-1}, y_k] \subset$

$[x_{i-1}, x_i]$ となる $[x_{i-1}, x_i]$ が存在する．d_k を $d_k = c_i$ と取る．このとき $\displaystyle\sum_{k=1}^{l} f(d_k)(y_k - y_{k-1}) = \sum_{i=1}^{m} f(c_i)(x_i - x_{i-1})$ となる．また，$y_k, c_i \in [x_{i-1}, x_i]$ であって，$x_i - x_{i-1} < \delta$ であるから $|y_k - d_k| < \delta$ が成立する．上記と同様のことを，$\displaystyle\sum_{i=1}^{n} f(\tilde{c}_i^n)(\tilde{x}_i^n - \tilde{x}_{i-1}^n)$ に対してほどこし，$\displaystyle\sum_{i=1}^{n} f(\tilde{c}_i^n)(\tilde{x}_i^n - \tilde{x}_{i-1}^n) = \sum_{k=1}^{l} f(\tilde{d}_k)(y_k - y_{k-1})$ と書きなおす．ここで $\tilde{d}_k$ は上記の d_k に相当するものであり，d_k のときと同じ考察により，$|y_k - \tilde{d}_k| < \delta$ となる．以上のことから

$$
\begin{aligned}
&\left| \sum_{i=1}^{m} f(c_i)(x_i - x_{i-1}) - \sum_{i=1}^{n} f(\tilde{c}_i)(\tilde{x}_i - \tilde{x}_{i-1}) \right| \\
&\quad = \left| \sum_{k=1}^{l} \left(f(d_k) - f(\tilde{d}_k) \right)(y_k - y_{k-1}) \right| \le \sum_{k=1}^{l} \left| f(d_k) - f(\tilde{d}_k) \right| (y_k - y_{k-1})
\end{aligned}
\tag{18.7}
$$

となる．さらに，

$$
|d_k - \tilde{d}_k| \le |d_k - y_k| + |\tilde{d}_k - y_k| < 2\delta \tag{18.8}
$$

が成立する．

$f(x)$ は閉区間 $[a, b]$ で連続であるから，定理 18.5 より，$f(x)$ は一様連続になる．すなわち，任意の正数 ε に対して，正数 $\tilde{\delta}$ がとれて，$|d - \tilde{d}| < \tilde{\delta}$ $(d, \tilde{d} \in [a, b])$ でありさえすれば

$$
|f(d) - f(\tilde{d})| < \varepsilon
$$

が成立する．(18.8) の δ を，$2\delta \le \tilde{\delta}$ となるようにとると，(18.7) より

$$
\left| \sum_{i=1}^{m} f(c_i)(x_i - x_{i-1}) - \sum_{i=1}^{n} f(\tilde{c}_i)(\tilde{x}_i - \tilde{x}_{i-1}) \right| < \sum_{k=1}^{l} \varepsilon (y_k - y_{k-1}) = \varepsilon
$$

となる．したがって，(18.6) が得られる．

（証明終わり）

$f(x)$ が区間 $(a, b]$ で連続であるが，$x = a$ で連続とは限らない（あるいは $f(x)$ が定義されていない）とする．このような場合の積分として，次の**広義積分**が使われる．

$$
\int_a^b f(x)dx = \lim_{\varepsilon \to +0} \int_{a+\varepsilon}^b f(x)dx. \tag{18.9}
$$

ここで「$\varepsilon \to +0$」は $\varepsilon > 0$ を守りながら $\varepsilon \to 0$ とするという意味である．広義積分であることを明確にするために，$\displaystyle\int_{a+0}^b f(x)dx$ と書かれることもある．有限区間でない積分，たとえば $\displaystyle\int_a^\infty f(x)dx$ なども同様に定義され，広義積分の一種とされている（実は第 10 章に実例が（例 10.1 を参照）出てきていた）．上記の極限値が存在しないとき，「広義積分は収束しない」という．

広義積分の例をあげよう．

例 18.1

関数 $x^{-\alpha}$ $(0 < \alpha < 1)$ は $(0,1]$ で連続であるが，$x=0$ では定義されていない．この関数に対して次のように広義積分が考えられる（収束する）．

$$\int_0^1 x^{-\alpha}dx = \lim_{\varepsilon \to +0}\int_\varepsilon^1 x^{-\alpha}dx = \lim_{\varepsilon \to +0}\Big[\frac{1}{1-\alpha}x^{1-\alpha}\Big]_\varepsilon^1 = \frac{1}{1-\alpha}.$$

次のように広義積分が収束しない場合もある．

例 18.2

関数 x^{-1} は $(0,1]$ で連続であるが，$x=0$ では定義されていない．この関数に対しては，次のとおり広義積分は収束しない．

$$\lim_{\varepsilon \to +0}\int_\varepsilon^1 x^{-1}dx = \lim_{\varepsilon \to +0}\big[\log x\big]_\varepsilon^1 = \infty.$$

章末問題

問題 18.1　有理数の集合は完備でないことを証明せよ．

問題 18.2　第 14 章において，行列の集合に次の距離を導入した．

行列 A, B の距離 $\big(= \|A-B\|\big) = |a_{ij} - b_{ij}|$ の最大値．

ここで，$a_{ij} - b_{ij}$ は $A-B$ の i 行 j 列成分である．この距離で行列の集合は完備であることを示せ．

問題 18.3　$\sin\dfrac{1}{x}$ の定義域を区間 $(0,1]$ としたとき，この関数は一様連続にならないことを示せ．

問題 18.4　次の問 (1)(2) に答えよ．

(1) $(\log|x|)' = \dfrac{1}{x}$ となることを示せ．

(2) 「$\displaystyle\int_{-1}^2 \frac{1}{x}\,dx = \log 2$」とすることは正しいか．正しいときは証明し，正しくないときはその理由を述べよ．

章末問題解説

問題 0.1，**問題 0.2**　厳密な意味で聞いているわけではない．近似的な話であってもいいから，一般に比例関係（あるいは比例でない関係）としてあつかわれている例をあげればよい．

問題 0.3　第 2 節「0.2 比例関係とグラフ」にある図を参考にせよ．

問題 0.4　まず直線の傾きを求め，(0.2) に注意するとよい．

問題 1.1　答　$mv'(t) = (G - kv(t))$　（m, k は正の定数）

問題 1.2　$\dfrac{\bigl(f(x+h)+g(x+h)\bigr)-\bigl(f(x)+g(x)\bigr)}{h} = \dfrac{f(x+h)-f(x)}{h} + \dfrac{g(x+h)-g(x)}{h}$

（および $\dfrac{cf(x+h)-cf(x)}{h} = c\dfrac{f(x+h)-f(x)}{h}$ ）に注意して $h \to 0$ とするとよい．

問題 1.3　$f(x) = \dfrac{1}{x}$ として (1.3) の極限を直接求めればよい．

問題 1.4　$x \to 0$ とするとき，$x > 0$ のときと $x < 0$ のときと分けて考えるとよい．

問題 2.1　(1) $f'(x) = 3(x-1)(x+1)$ に注意して増減表をつくるとよい．

(2) $f'(x) = -\dfrac{2x}{(x^2+1)^2}$ に注意して増減表をつくるとよい．

問題 2.2　「$x = a$ における接線の方程式は $y - f(a) = f'(a)(x-a)$ である」こと，および「これが $(0,2)$ を通るとは $0 - f(a) = f'(a)(2-a)$ が実数 a に対して成立することである」ことに注意するとよい．

問題 2.3　$x^{-n} = \left(\dfrac{1}{x}\right)^n$ に留意して「合成関数の微分」(2.5) を使うとよい．

問題 2.4　(1) 答　$6(x^2-1)^2x$　　(2) 答　$\dfrac{-x^2+1}{(x^2+1)^2}$

問題 3.1　答　105114 円

問題 3.2　t 年後の人口を $N(t)$ とする．マルサス法則をみたしているとすれば，$N(t) = N_0e^{kt}$（N_0, k は定数) とかける．$\dfrac{N(1)}{N(0)}$ と $\dfrac{N(2)}{N(1)}$ を比べるとよい．

問題 3.3　答　$N'(t) = k(L - N(t))N(t)$　（$N(t)$ は時刻 t における個体数，k は正の定数である．）

問題 3.4　$f(x) = \displaystyle\sum_{i=0}^{n} a_ix^i$ $(a_n \neq 0)$ とし，$|f(x)| = |a_nx^n|\left|\left(1 + \displaystyle\sum_{j=1}^{n} \frac{a_{n-j}}{a_nx^j}\right)\right|$ を使うとよい．

問題 4.1　(1) 答　0　　(2) 答　$\dfrac{1}{2}$　（ヒント　ロピタルの定理 (4.7) を使え.）

問題 4.2　(1) 一般角に対する三角関数の定義で使った図において，$\alpha=\theta$ のときの P の x-座標，y-座標と $\alpha=\theta+\dfrac{\pi}{2}$ のときの P の x-座標，y-座標とを比べるとよい.

(2) (1) にある等式を使うとよい.

問題 4.3　$(\cos x)'=\left\{\sin\left(x+\dfrac{\pi}{2}\right)\right\}'$ および $\cos\left(x+\dfrac{\pi}{2}\right)=-\sin x$ を使うとよい.

問題 4.4　x° は $\dfrac{\pi}{180}x$（ラジアン）であるから，$(\sin x^\circ)'=\left\{\sin\left(\dfrac{\pi}{180}x\right)\right\}'$ となることに注意するとよい.

問題 5.1　$\tilde{y}=f(\tilde{x})$ とすると，「$\tilde{x}=f^{-1}(\tilde{y})$ である」こと，および「点 $(\tilde{x},\tilde{y})$ と点 $(\tilde{y},\tilde{x})$ は直線 $y=x$ に関して対称である（すなわち，この 2 点を結ぶ線分が直線 $y=x$ に垂直であり，2 点の中点が直線 $y=x$ 上にある）」ことに注意するとよい.

問題 5.2　$\tilde{x}=\sin^{-1}x$ とおくと，$x=\sin\tilde{x}=\cos\left(\dfrac{\pi}{2}-\tilde{x}\right)$ となることに注意するとよい.

問題 5.3　定理 5.1 より $(\mathrm{Sin}^{-1}x)'=\dfrac{1}{\cos(\mathrm{Sin}^{-1}x)}$ となること，および $\cos(\mathrm{Sin}^{-1}x)=\sqrt{1-\sin^2(\mathrm{Sin}^{-1}x)}$ が成立することに注意するとよい.

問題 5.4　$\dfrac{\pi}{2}\leq\tilde{x}\leq\pi$ では $\cos\tilde{x}=-\sqrt{1-\sin^2\tilde{x}}$ となることに注意するとよい.

問題 6.1　$\left(\dfrac{1}{2}\right)^{\frac{n}{30}}\leq\dfrac{1}{10}$ をみたす最小の正整数 n を求めるとよい.　答　100 年

問題 6.2　各 t において崩壊する薬の量は単位時間あたり $ku(t)$ であり，流入してくる量は単位時間あたり a であることに注意するとよい．答　$u'(t)=-ku(t)+a$

問題 6.3　答　$N'(t)=a(L-N(t))$（a は正の定数）.　解の表示については，この方程式が熱現象の方程式（(6.4) 参照）と同じ形であることに注意するとよい.

問題 6.4　$N(t)=\dfrac{LN_0}{(L-N_0)e^{-aLt}+N_0}$ となること（(6.11) 参照）に注意するとよい.

問題 7.1　(7.2) において，$H+G$ に空気抵抗 $-bu'(t)$ が加わることに注意するとよい.

問題 7.2　振動平面において，加速度や力のベクトルを，2 つの方向「支点からおもりへの向き」と「それに直角の向き」とに成分分けして考えるとよい.

問題 7.3　例 7.1 にある「おもりの振動」に関する説明を参考にするとよい.

問題 7.4　$\big(c_1u_1(t)+c_2u_2(t)\big)''+a\big(c_1u_1(t)+c_2u_2(t)\big)=c_1\big(u_1''(t)+au(t)\big)+c_2\big(u_2''(t)+au_2(t)\big)$ となることに注意するとよい.

問題 8.1　$V_i=\pi\left(\sqrt{r^2-x_i^2}\right)^2(x_{i+1}-x_i)$ となることに注意するとよい.

問題 8.2　積分の定義 $\displaystyle\int_a^b f(x)dx=\lim_{n\to\infty}\sum_{i=1}^{n}f(c_i)(x_i-x_{i-1})$ および $\displaystyle\int_a^b g(x)dx=$

$\lim_{n\to\infty}\sum_{i=1}^{n} f(\tilde{c}_i)(\tilde{x}_i - \tilde{x}_{i-1})$ において，$x_i = \tilde{x}_i$，$c_i = \tilde{c}_i$ と取ると常に $\sum_{i=1}^{n} f(c_i)(x_i - x_{i-1}) \leq \sum_{i=1}^{n} f(\tilde{c}_i)(\tilde{x}_i - \tilde{x}_{i-1})$ となることに注意するとよい．

問題 8.3　$\int_a^b f(x)dx = \lim_{n\to\infty}\sum_{i=1}^{n} f(c_i)(x_i - x_{i-1})$，$\int_b^c f(x)dx = \lim_{n\to\infty}\sum_{i=1}^{n} f(\tilde{c}_i)(\tilde{x}_i - \tilde{x}_{i-1})$ とする．積分 $\int_a^c f(x)dx = \lim_{m\to\infty}\sum_{i=1}^{m} f(d_i)(y_i - y_{i-1})$ （分点を x_i ではなく y_i で表す）において，分点 $\{y_i\}_{i=1,\ldots,m}$ を $y_i = x_i$ $(i = 1\ldots,n)$，$y_{n+i} = \tilde{x}_i$ $(i = 1\ldots,n)$ $(m = 2n)$，さらに $d_i = c_i$ $(i = 1,\ldots,n)$，$d_{n+i} = \tilde{c}_i$ $(i = 1\ldots,n)$ $(m = 2n)$ と取るとよい．

問題 8.4　(1) $F(x)$ が $f(x)$ の原始関数ならば，任意の実数 c に対して $F(x) + c$ も原始関数になることに注意するとよい．

(2) 1 つの関数に対して，その原始関数は定数のずれしかないことに注意するとよい．

問題 9.1　(1) 部分積分を 3 回使うとよい．答　$6 - 2e$

(2) 答　$-\sin x - x\cos x$（積分定数は省略）．

問題 9.2　答　$-\dfrac{1}{(\alpha+1)^2}2^{\alpha+1} + \dfrac{1}{(\alpha+1)^2} + \dfrac{1}{\alpha+1}2^{\alpha}\log 2$

問題 9.3　例 9.3 を参考にするとよい．答　$\dfrac{2n-2}{2n-1}\,\dfrac{2n-4}{2n-3}\cdots\dfrac{2}{3}\cdot 2$

問題 9.4　$u(t) = u_1(t) - u_2(t)$ は (9.8) および $u(0) = u'(0) = 0$ をみたすことに注意して，(9.10) を（$t_0 = 0$，$t_1 = t$ として）使うとよい．

問題 10.1　2 点 $(\tilde{x}, 0), (-\tilde{x}, 0)$ の各電荷から受ける力をそれぞれ $\boldsymbol{G}_+, \boldsymbol{G}_-$ とする．「$\boldsymbol{G}_+, \boldsymbol{G}_-$ の x-軸方向の成分は異符号で大きさが等しい」こと，および「$\boldsymbol{G}_\pm$ と y-軸のなす角を $\theta_\pm$ とすると，$\theta_+ = \theta_-$ であり $\cos\theta_\pm = \dfrac{h}{\sqrt{\tilde{x}^2 + h^2}}$ となる」ことに注意するとよい．

問題 10.2　(1) $y = \sin x$ とおき，次に $y = \tan\theta$ とおくとよい．　答　$\dfrac{\pi}{2}$

(2) 答　$\dfrac{1}{n+1}\,\dfrac{1}{a}\,(ax+b)^{n+1} + c$　(c は任意定数)

問題 10.3　$x = \tan\theta$ とおくとよい．　答　$\dfrac{1}{4} + \dfrac{\pi}{8}$

問題 10.4　答　$\dfrac{1}{2}\log 2$

問題 11.1　平均値定理（定理 11.1）を使って，$\left|\dfrac{f(x) - f(a)}{x - a}\right| = |f'(c)|$ となることに注意するとよい．

問題 11.2，**問題 11.3**　(11.5) の $g(x)$ と M が何になるか具体的に調べるとよい．

問題 11.4　(11.5) の $g(x)$ と M が何になるか具体的に調べるとよい．答　おさまっている

問題 12.1　$\sin x$ について，定理 12.2 および (12.5) を $n=2, a=0$ として使うとよい．

問題 12.2　e^x について，定理 12.2 および (12.5) を $a=0, x=1$ として使い，剰余項 (12.5) が（大きい目に取って）0.05 より小さくなる n を求めるとよい．　答　2.7

問題 12.3　$\sin x$ について，定理 12.2 および (12.5) を $a=\dfrac{\pi}{4}$ として使うとよい．　答　2 次まで

問題 12.4　$[a-h, a+h]$ における $f^{(n+1)}(y)$ の最小値，最大値を m, M とすると，$m\displaystyle\int_a^x \frac{(x-y)^n}{n!}dy \leq \int_a^x \frac{(x-y)^n}{n!}f^{(n+1)}(y)dy \leq M\int_a^x \frac{(x-y)^n}{n!}dy$ となることに注意するとよい．

問題 13.1　第 n 部分和と第 $n-1$ 部分和との差が a_n であることを使うとよい．

問題 13.2　$\displaystyle\sum_{k=n+1}^{2n}\frac{1}{k} > \sum_{k=n+1}^{2n}\frac{1}{2n} = \frac{1}{2}$ であることに注意するとよい．

問題 13.3　$|S_n - S_m| = \displaystyle\sum_{k=m+1}^{n}\frac{1}{k^{1+s}} < \int_m^n \frac{1}{x^{1+s}}dx = \frac{1}{s}\left(\frac{1}{m}-\frac{1}{n}\right)$　$(m<n)$　に注意するとよい．

問題 13.4　マクローリン展開の収束については定理 13.2 における「$e_n(x)$ の収束の証明」を参考にするとよい．　「$(\sin x)' = \cos x$」については，$f_{2n+1}(x) = x - \dfrac{1}{3!}x^3 + \cdots + (-1)^n\dfrac{1}{(2n+1)!}x^{2n+1}$，$g_{2n}(x) = 1 - \dfrac{1}{2!}x^2 + \cdots + (-1)^n\dfrac{1}{(2n)!}x^{2n}$ とおき，「$f'_{2n+1}(x) = g_{2n}(x)$，$f''_{2n+1}(x) = -f_{2n-1}(x)$」となることに注意して，定理 13.2 における「$e'(x) = e(x)$ の証明」を参考にするとよい．

問題 14.1　(1) $\|X+Y\| \leq \|X\| + \|Y\|$ については，X, Y の各成分 x_{ij}，y_{ij} に対して $|x_{ij}+y_{ij}| \leq |x_{ij}| + |y_{ij}| \leq \|X\| + \|Y\|$ が成立することに注意するとよい．$\|XY\| \leq l\|X\|\|Y\|$ については，XY の i 行 j 列成分が $\displaystyle\sum_{k=1}^{l} x_{ik}y_{kj}$ であることに注意するとよい．

(2) 前問 (1) の結果より，$\|S_n(X) - S_m(X)\| = \left\|\displaystyle\sum_{k=m+1}^{n}\frac{1}{k!}X^k\right\| \leq \sum_{k=m+1}^{n}\frac{1}{k!}(l\|X\|)^k$　$(m<n)$ となることに注意して，定理 13.2 の証明を参考にするとよい．

問題 14.2　$\mathrm{Re}\left(a_n\dfrac{d^nu}{dx^n} + \cdots + a_0u\right) = a_n\dfrac{d^n}{dx^n}(\mathrm{Re}\ u) + \cdots + a_0(\mathrm{Re}\ u)$ であることに注意するとよい．

問題 14.3　問題 14.2 の結果より，$\mathrm{Re}\ u(x)$ も解になり，$\mathrm{Re}\ u(x)$ の初期値は $u(x)$ の初期値と同じである．このことに注意して，「解の一意性」を使うとよい．

問題 14.4　$z_0 = i\sqrt{a}$，$z_1 = -i\sqrt{a}$ である．c_0, c_1 を未知数とする連立 1 次方程式 $c_0 + c_1 = b_0$，$z_0c_0 + z_1c_1 = b_1$ を解くとよい．

問題 15.1　$u'(t_0) = 0, u''(t_0) < 0$ でなければならないことがわかる．このことと，$u'(t) =$

$au(t)-bu(t)v(t)$ の両辺を微分して $t=t_0$ とおいた等式を使うと，$v'(t_0)>0$ が導けることに注意するとよい．

問題 15.2　(15.7) において $-a,b,c,-d$ を $a,-b,-c,d$（a,b,c,d は正の定数）に置き換えた方程式になる．

問題 15.3, 問題 15.4　2 種の個体数を $v(t)$, $w(t)$ とすると，$u(t)=v(t)+w(t)$ は微分方程式 $u'(t)=(a-b)u(t)$ をみたすことに注意するとよい．

問題 16.1　$u_1'(t)$, $u_2'(t)$ の方程式は，$m_1u_1''(t)+b_1u_1'(t)+(k_1+k_2)u_1(t)-k_2u_2(t)=0$, $m_2u_2''(t)+b_2u_2'(t)+k_2(u_2(t)-u_1(t))=0$（$b_1,b_2$ は正の定数）となる．

問題 16.2　(16.3) にある A は $\dfrac{k}{m}\begin{pmatrix}2 & -1\\ -1 & 1\end{pmatrix}=\dfrac{k}{m}J^2$ であり，$JK=I$ であることに注意して，補足 16.1（特に (16.12)）を参考にするとよい．

問題 16.3　$\boldsymbol{v}=\begin{pmatrix}v_1\\ v_2\end{pmatrix},\boldsymbol{w}=\begin{pmatrix}w_1\\ w_2\end{pmatrix}$ に対して $<\boldsymbol{v},\boldsymbol{w}>=v_1w_1+v_2w_2$ とする．「$\boldsymbol{u}(t)$ は $m\boldsymbol{u}''(t)+kJ^2\boldsymbol{u}(t)=0$ をみたす」こと，および「$\displaystyle\int_0^T <m\boldsymbol{u}''(t)+kJ^2\boldsymbol{u}(t),\boldsymbol{u}'(t)>dt=-\int_0^T <\boldsymbol{u}'(t),m\boldsymbol{u}''(t)+kJ^2\boldsymbol{u}(t)>dt+m\big[<\boldsymbol{u}'(t),\boldsymbol{u}'(t)>\big]_0^T+k\big[<\boldsymbol{u}(t),\boldsymbol{u}(t)>\big]_0^T$ が成立する」ことに注意するとよい．

問題 16.4　$u_1(t),u_2(t),u_3(t)$ の方程式は，$m_1u_1''(t)+(k_1+k_2)u_1(t)-k_2u_2(t)=0$, $m_2u_2''(t)+k_2(u_2(t)-u_1(t))+k_3(u_3(t)-u_2(t))=0$, $m_3u_3''(t)+k_3(u_3(t)-u_2(t))=0$ となる．

問題 17.1　$U(t)$ の第 i 成分 $(i=1,\ldots,4)$ を $v_i(t)$ として，$v_1(t)=u_1(t)$, $v_2(t)=u_1'(t)$, $v_3(t)=u_2(t)$, $v_1(t)=u_2'(t)$ とおくとよい．

問題 17.2　答　$A=\begin{pmatrix}-i\sqrt{a} & 1\\ 0 & i\sqrt{a}\end{pmatrix}$

問題 17.3　(1) $\left(e^{zx}U_0\right)'=ze^{zx}U_0$ となることに注意するとよい．

(2) $|A-zI|\neq 0$ であることと $(A-I)$ の逆行列が存在することが同等であることに注意するとよい．

問題 17.4　$U(x)$ の第 i 成分 $(i=1,\ldots,n)$ を $u^{(i-1)}(x)$ とすることにより，$u(x)$ の方程式が $U'(x)=AU(x)$ という形の方程式に変換される（(17.4) を参照）ことに注意するとよい．

問題 18.1　無理数であることがはっきりとしている数（たとえば $\sqrt{2}$ ）の小数展開を考えるとよい．

問題 18.2　ここの距離で基本列になるならば，（行列の）各成分が基本列になることに注意して実数の完備性に帰着させるとよい．

問題 18.3　$x_n = \dfrac{1}{2n\pi}$, $y_n = \dfrac{1}{2n\pi + \frac{\pi}{2}}$ $(n = 1, 2, 3, \cdots)$ とすると $\displaystyle\lim_{n\to\infty}(x_n - y_n) = 0$ かつ $\left|\sin\dfrac{1}{x_n} - \sin\dfrac{1}{y_n}\right| = 1$ となることを使うとよい．

問題 18.4　(1) $x < 0$ のとき $|x| = -x$ であることに注意して，第 5 章の例 5.2 を参照するとよい．

(2) そもそも $\dfrac{1}{x}$ は $x = 0$ で定義されていないので $\displaystyle\int_{-1}^{2}\frac{1}{x}dx$ と書くこと自体がおかしいことに注意するとよい．

あとがき

この本は，理系学部大学生が初年次に学ぶ微分積分の基礎事項を話題にしている．この種の本はたくさん出版されており，具体的にどういうものがあるのかほとんど認識できていないのであるが，いくつか関係書籍を紹介しておきたい．

本書では，基礎事項を現象解析と関連させながら解説している．読者の中には，もう少し数学の側面に重点をおいて，しかも初心者向けに書いてあるものを希望される方もおられるかもしれない．こういう方は次の本をみられてはいかがだろうか．

「1 変数の微分積分」(SERIES 理科系の数学入門) 望月清 著　日本評論社
(本体価格 2,500 円)

逆に，微分積分の現象解析への利用についてもっといろいろ知りたいという方もおられるかもしれない．こういう方向の本で，初心者への配慮のあるものとして次の本をお薦めしたい．

「微分方程式で数学モデルを作ろう」デヴィッド・バージェス／モラグ・ボリー　著
垣田高夫／大町比佐栄 翻訳　日本評論社 (本体価格 3,500 円)

また，1 変数の微分方程式について，初心者向けに数学的な厳密さを保ちつつ工学的な応用をていねいに記述している本として次のものがある．

「常微分方程式 (新版)」ポントリャーギン 著　木村俊房 校閲　千葉克裕 翻訳
共立出版 (本体価格 4,200 円)

この本程度の基礎を前提として，さらに専門性の高いいわゆる解析力学の諸事項を話題にしたものとして次のものがある．

「常微分方程式と解析力学」伊藤秀一 著　共立出版 (本体価格 3,800 円)

本書と同じように現象解析という点を重視しながら数学的な記述もていねいに行われており，しかも確率論なども含んだ初心者向けの本として

「解析学概論―応用と数値計算とともに (上・下巻)」ラックス他 著　中神恵子 他　翻訳
現代数学社 (本体価格 2,900 円・3,200 円)

がある．残念ながら，これは新品では手に入らないようである．

本書で扱っている内容は独立変数が 1 つの微分積分である．当然多変数の微分積分についても初年次に学ぶべき基礎事項は数多くある．これらについて，やはり現象解析と関連づけて学

びたいという場合は，電磁気学など物理学を材料としながら数学的な内容を習得するというのがいい方法のように思える．こういう趣旨にあった電磁気学の入門書として次のものがある．

復刻版「バークレー物理学コース 電磁気」 飯田修一 監修，翻訳　丸善出版（本体価格 9,000 円）

これは一応電磁気学の本ではあるが，多変数の微分積分の入門書としてもいいものである．

1 変数から多変数の微分積分について，現象解析に配慮しながらも数学的基礎をていねいに著した本として

「数学解析 上・下」（数理解析シリーズ 1）　溝畑茂 著　朝倉書店（本体価格 7,000 円／ 7,500 円）

がある．少し大部で最後まで読むのはなかなかたいへんではあるが，この本の内容が習得できれば数学上の基礎としては文句のないところである．残念ながら，この本は新品では手に入らないようである．

最後に，この本の出版に御協力いただいたいろいろな方々に感謝申し上げたい．特に，千葉康生氏にはていねいな閲覧とともにさまざまな指摘をいただいたことにお礼申し上げたい．

索引

● ま行 ●

● や行 ●

● ら行 ●

● わ行 ●

著者略歴

曽我日出夫（そがひでお）

1979年　大阪大学大学院理学研究科　博士後期課程修了　理学博士
1992年　茨城大学教育学部教授
2014年　茨城大学退職　同大学名誉教授

微分積分入門（びぶんせきぶんにゅうもん）　— 現象解析の基礎（げんしょうかいせきのきそ） —

2016年2月10日　第1版　第1刷　印刷
2016年2月20日　第1版　第1刷　発行

著　者　曽我日出夫（そがひでお）
発行者　発田寿々子
発行所　株式会社 学術図書出版社
〒113−0033　東京都文京区本郷5丁目4−6
TEL 03−3811−0889　振替 00110−4−28454
印刷　三和印刷（株）

定価はカバーに表示してあります．

ISBN978−4−7806−0481−8　C3041